"十三五"普通高等教育规划教材

信息与编码理论

张长森　郭　辉　主编

邓　超　李宝平　王小旗　参编

U0240659

机械工业出版社

本书重点介绍信息论的基本知识，以及常用信源编码和信道编码技术的原理与实现方法。全书共6章，主要内容包括绪论、信息论基础、信源编码、线性分组码、BCH码和RS码，以及卷积码。本书面向工程应用的需要，在介绍了信息论基本概念和必要数学知识的基础上，重点讲解常见的信源编码和信道编码技术的基本原理、物理意义和实现方法，内容全面，例题与图表丰富，便于教学与自学。

本书可用作高等院校通信工程、电子信息工程、计算机科学与技术等专业的本科生或研究生教材和参考书，也可供相关专业的科研和工程技术人员参考。

图书在版编目（CIP）数据

信息与编码理论/张长森，郭辉主编. —北京：机械工业出版社，

2019.5

"十三五"普通高等教育规划教材

ISBN 978-7-111-62845-3

Ⅰ.①信…　Ⅱ.①张…②郭…　Ⅲ.①信息论-高等学校-教材②信

源编码-高等学校-教材　Ⅳ.①TN911.2

中国版本图书馆CIP数据核字（2019）第101194号

机械工业出版社（北京市百万庄大街22号　邮政编码100037）
策划编辑：李馨馨　　　　　　　　责任编辑：李馨馨
责任校对：陈　越　郑　婕　责任印制：张　博
三河市国英印务有限公司印刷
2019年7月第1版第1次印刷
184mm×260mm·12.75印张·309千字
0 001—2 500册
标准书号：ISBN 978-7-111-62845-3
定价：39.80元

电话服务　　　　　　　　　　　网络服务

客服电话：010 - 88361066　　机　工　官　网：www.cmpbook.com

　　　　　010 - 88379833　　机　工　官　博：weibo.com/cmp1952

　　　　　010 - 68326294　　金　书　网：www.golden - book.com

封底无防伪标均为盗版　　机工教育服务网：www.cmpedu.com

前 言

1948 年，C. E. Shannon 发表了他的开创性论文《通信的数学理论》，宣告了信息论学科的诞生。信息论是研究信息传输和信息处理的科学，是现代信息与通信技术的理论基础。信息论及其衍生的编码理论和技术既是科学理论又是工程应用知识，对实际通信系统的设计与实现产生着深刻的影响，并已经渗透到其他领域。

编码理论和技术在本质上是高度数学化的，对其深入理解需要掌握丰富的通信理论、概率论和近世代数的背景知识。为了帮助读者尽快理解和掌握常用的重要编码和译码技术，本书在讲解信息论的基本概念之后，使用了最少的数学基础知识，重点对常用的信源和信道编译码理论和技术进行了深入的讲解。本书内容兼顾知识性和实用性，联系工程实践，强调物理意义，结构合理、概念清晰、示例丰富准确，可用作通信工程、电子信息工程、计算机科学与技术等专业的本科生或研究生教材和参考书，也可供相关专业的科研和工程技术人员参考。

全书共分 6 章。第 1 章简要介绍了数字通信系统模型、信源编码问题和信道编码问题；第 2 章介绍了信息论的基础知识和一些重要结论；第 3 章讲解了常见的无失真和限失真信源编码方法；第 4 章全面讲解了线性分组码和循环码的相关知识；第 5 章讲解了有限域的基本知识以及 BCH 码和 RS 码的编译码原理；第 6 章讲解了卷积码的编码原理、维特比译码算法和 Turbo 码的基本概念。

本书由河南理工大学张长森、郭辉、邓超、李宝平、王小旗编写。张长森编写了第 1 章，邓超编写了第 2 章，王小旗编写了第 3 章，郭辉编写了第 4、5 章，李宝平编写了第 6 章。在本书的编写过程中，得到了河南理工大学研究生院和机械工业出版社的大力支持，在此表示衷心的感谢。

由于编者水平有限，书中疏漏和不当之处在所难免，敬请读者批评指正。

目　　录

第1章 绪 论

1.1 数字通信系统的模型

各种数字通信系统（包括存储系统），如电报、电话、图像、计算机、导航、雷达等，都可以归结成如图1-1所示的模型。

图1-1 数字通信系统模型

图中信源编码器把信源发出的语音、图像或文字等消息转换成二进制（或多进制）形式的信息序列。有时为了提高传输有效性，还会去除一些与信息传输无关的冗余度来实现数据压缩。

信道编码器则为了抵抗传输过程中的各种干扰，改善误码率性能，往往会在传输的信息序列中人为地增加一些冗余度，使其具有自动检错或纠错的功能。

调制器的功能是把信源编码器输出的信息序列变换成适合信道传输的电信号，然后送入信道传输。解调器则执行与调制器相反的功能，将接收到的电信号还原为信息序列。由于信号在信道传输过程中会受到信道特性、噪声和干扰信号的不利影响，因此在解调器输出的序列中会出现误码的情况。

接下来，解调器的输出序列会送入信道译码器。信道译码器会对接收到的序列进行检错或纠错。然后通过信源译码器恢复成消息送给信宿。

从图1-1可以看出，通信的目的是要把对方不知道的消息可靠地传送过去，而消息中真正有意义的部分是信息，因此通信的本质是要实现信息的传输。信息论是研究信息的传输、存储和处理的科学，可以称为通信的数学理论。信息论研究的主要问题包括信源编码和信道编码问题，而由这两个理论问题又延伸出很多实用的编码和译码算法。

1948 年，贝尔实验室的科学家香农（Shonnon）在《通信的数学理论》一文中讨论了通信的基本问题，得出了几个重要的结论。其核心是：在通信系统中采用适当的编码后能够实现高效率和高可靠性的信息传输，并得出了信源编码定理和信道编码定理。从数学角度看，这些定理是最优编码的存在定理；但从工程角度看，这些定理不是构造性的，不能从定理结果直接得出实现最优编码的方法。然而，这些定理给出了编码的性能限，并阐明了通信系统中各个因素之间的关系，为寻找最佳通信系统提供了重要理论依据。

1.2 信源编码问题

1. 无失真信源编码

对于离散信源，当已知信源符号的概率分布时可以计算信源的熵，用它可以表示每个信源符号平均承载的信息量。信源编码定理表明必然存在一种编码方法，使得代码的平均长度可以任意接近但不能低于信源的熵，而且还阐明为了达到这一目标，应该使得概率与码长匹配。

从无失真信源编码定理出发，1948 年香农在论文中提出并给出了一种简单的编码方法，即香农编码。1952 年，R. M. Fano 提出了费诺码。同年，D. A. Huffman 提出了一种编码方法并证明了它是最佳码，称为霍夫曼码。霍夫曼码是有限长度的块码中最好的码，其代码总长度最短。但是，霍夫曼码在实际应用中存在一些块码和变长码所具有的缺点：首先，信源的概率分布必须精确地测量，如果略有变化，就需要更换码表；其次，对于二进制信源，常需要多个符号合起来编码才能取得好的效果。

针对霍夫曼码在实用中的局限，出现了一种称为算术码的非块码，它是从整个序列的概率匹配角度来进行编码的。这种概念也是由香农首先提出的，后经许多学者改进逐渐进入实用阶段。1968 年前后，P. Elias 发展了香农—费诺码，提出了算术编码的初步思想。1976 年，J. J. Rissanen 给出和发展了算术编码，1982 年他和 G. G. Langdon 一起将算术编码系统化，省去了乘法运算，使其更为简单，从而易于实现。

如果离散信源符号的概率分布未知，或是对于不确知的信源进行有效编码时，上述方法就无能为力了，因此人们希望能有一种适用于各类概率特性信源的编码方法。通用编码就是在信源统计特性未知时可以进行编码且编码效率很高的一种码。1977 年，A. Lempel 和 J. Ziv 提出了一种语法解析码，称为 LZ 码。1978 年，他们又提出了改进算法 LZ77 和 LZ78。1984 年，T. A. Welch 以 LZ 编码中的 LZ78 算法为基础设计了一种实用的算法，称为 LZW 算法。LZW 算法保留了 LZ78 算法的自适应性能，压缩效果大致相同，并且逻辑性更强，易于硬件实现，价格低廉，运算速度快，目前作为一种通用压缩方法广泛应用于二进制数据的压缩。

2. 限失真信源编码

无失真信源编码只适用于离散信源,对输出模拟信号的连续信源并不适用。因为连续信源输出信号的每个样值所载荷的信息量是无限大的,所以用有限长度的信息序列进行编码时必然导致失真。不过,作为信宿的人或机器都存在一定的灵敏度和分辨力,超过灵敏度和分辨力所传送的信息是毫无价值的,也是完全没有必要的,故而当失真在某一限度以下时是不影响正常通信的。例如,语音信源当量化分层超过 256 级时人耳就很难分辨,所以没有必要在量化时超过 256 级。对图像信源亦是如此,人们看电影时,可以充分利用人眼的视觉暂留效应,当放映速度达 24 张/秒时,人眼就能将离散的照片在人脑内反映成连续画面,因此大大超过 24 张/秒的放映速度是没有意义的。

限失真信源编码的研究相对于信道编码和无失真信源编码落后约十年左右。1948 年,香农的论文已体现了关于率失真函数的思想。1959 年,他发表了《保真度准则下的离散信源编码定理》,首先提出了率失真函数及率失真信源编码定理。1971 年,T. Berger 的《信息率失真理论》是一本较全面的论述有关率失真理论的专著。率失真信源编码理论是信源编码的核心问题,是频带压缩、数据压缩的理论基础,直到今天它仍是信息论研究的课题。

连续信源的信号编成代码后就不能无失真地再恢复成原来的连续值,此时只能根据率失真理论进行限失真编码,因此限失真编码实际上就是最佳量化问题。最佳标量量化常不能达到率失真函数所规定的 $R(D)$ 值,因此人们后来又提出了向量量化的概念,将多个信源符号合成一个向量并对它进行编码。从理论上讲,某些条件下用向量量化来编码可以达到上述的 $R(D)$ 值,但在实现上还是非常困难的,有待进一步改进。1955 年,P. Elias 提出了预测编码方法,利用前几个符号来预测后一个符号的值,然后将预测值与实际值之差即预测误差作为待编码的符号,这样得到的符号间的相关性就大为减弱,从而可提高压缩比。另一种限失真信源编码方式是变换编码,该方法通过样值空间的变换,例如从时域变到频域,在某些情况下可以减弱符号间的相关性,从而取得良好的压缩比。

1.3 信道编码问题

信道编码的历史仍然可以追溯到香农于 1948 年出版的那篇著名论文。香农发现,任何通信信道(或存储信道)都有自己的信道容量 C,其单位是比特/秒(bit/s),其物理意义为:当一个通信(或存储)系统的信息速率 R 小于信道容量 C 时,通过使用信道编码技术,是有可能使得系统输出的错误概率任意小的。但是,香农并没有指出如何找到合适的码,他的贡献主要是证明了这些码的存在并定义了它们的作用。其后在整个 20 世纪 50 年代，人们一直在努力寻找能够得到任意小错误概率且具有明确构造方法的编码方案，但是进展缓慢。20 世纪 60 年代，人们不再痴迷于这个宏伟的目标，信道编码的研究方向开始确定下来，并逐渐分成了两个方向。

1. 线性分组码

第一个研究方向是线性分组码，该类码具有严格的代数结构，并且主要采用分组码的形式。历史上第一种线性分组码是 1950 年 R. W. Hamming 发明的可以纠正 1 个错误的汉明码。其后不久，Muller 提出了一种可以纠正多个错误的编码方法（1954 年），紧接着 Reed 给出了该码的一种译码算法（1954 年）。无论是汉明码还是 Reed – Muller 码，其性能距离香农给出的好码都非常大。之后，学者们付出了大量的辛勤研究工作，但是一直没有找到更好的码，直到十年之后，Bose、Ray—Chaudhuri（1960 年）和 Hocquenghem（1959 年）才提出了一类可以纠正多个错误的编码方法，即 BCH 码。接着，Reed 和 Solomon（1960 年）以及 Arimoto（1961 年）分别独立地发现了一类适用于非二进制信道的编码方法，即 RS 码。

BCH 码的发现引起了一系列关于实用方法的研究工作，人们纷纷通过设计软件或硬件来实现编码器和译码器。第一种较好的译码算法是 Peterson 于 1960 年发现的方法，随后 Berlekamp（1968 年）和 Massey（1969 年）发现了一种更为有效的译码算法，并且随着数字电子技术的进步，该算法的实现已成为可能。此外，面向不同的应用和不同的编码需求，该算法也逐渐出现了很多变种。

2. 卷积码

第二个研究方向是从概率的角度来理解编码和译码的过程，这条道路逐渐产生了序列译码（Sequential Decoding）的概念。序列译码要求引入长度不定的非分组码，这种码可以用树状图来描述，并且可以通过搜索树状图的算法来实现译码。其中最为有用的一种树状码（Tree Codes）是高度结构化的卷积码（Convolutional Codes），这种码可以通过线性移位寄存器电路来生成。到 20 世纪 50 年代末，使用基于序列译码的算法实现了卷积码的成功译码。其后直到 1967 年，A. J. Viterbi 才提出了一种更为简单的译码算法，即维特比算法。对于中等复杂度的卷积码，维特比算法获得了广泛的使用，但是该算法对于强度更大的卷积码是不实用的。

经过二十多年的发展，到了 20 世纪 70 年代，两个研究方向在某些领域开始汇聚并相互渗透。J. L. Massey 和 G. D. Forney 开始研究卷积码的代数理论，开创了卷积码的一种新的研究视角。而在分组码领域，人们开始研究码长较大的好码的构造方案，G. D. Forney 在 1966 年引入了级联码（Concatenated codes）的思想，J. Justesen 使用该思想设计了一种完全可构造且性能很好的长码。同时期的 V. D. Goppa 于 1970 年定义了一类能够确保得到好码的编码方法，尽管没有给出如何识别好码的方法。

到了 20 世纪 80 年代，信道编码器和译码器开始频繁出现在新设计的数字通信系统和存储系统中。例如，在 CD 中使用了可以纠正两个字节错误的 RS 码；RS 码也常常出现在许多磁带设备、网络调制解调器和数字视频光盘中；而在基于电话线的调制解调器中，代数编码开始被诸如网格编码调制（1982 年由 G. Ungerboeck 提出）的欧式空间编码所取代，这类方法的成功开始引起对基于欧氏距离的非代数编码方法的研究热潮。

到了 20 世纪 90 年代，信道编码、信号处理和数字通信之间的界限越来越模糊。Turbo 码的出现可以看作是这个阶段的中心事件，用于长二进制码的软判决译码出现了实用的迭代算法，并且实现了香农给出的性能限。1996 年，D. MacKay 和 M. Neal 等人对 R. G. Gallager 在 1963 年提出的 LDPC 码重新进行了研究，发现该码具有逼近香农限的优异性能，并且具有译码复杂度低、可并行译码以及译码错误的可检测性等特点，从而成为信道编码理论新的研究热点。

进入 21 世纪，最大的突破性成果是 2008 年由土耳其毕尔肯大学 Erdal Arikan 教授首次提出的 Polar 码。该码是一种可以实现对称二进制输入离散无记忆信道和二进制擦除信道容量的新型代码构造方法，一出现便在学术界和产业界引起了广泛关注。

第 2 章　信息论基础

信息是消息的内涵，其与通信问题密切相关。1948 年香农在题为《通信的数学理论》的论文中系统地提出了关于信息的论述，创立了信息论。维纳提出的关于度量信息量的数学公式预示了信息论的广阔应用前景。1951 年，美国无线电工程学会承认了信息论这门学科，此后信息论得到迅速发展。20 世纪 50 年代是信息论向各门学科冲击的时期，而 60 年代信息论属于一个消化、理解的时期，在已有基础上进行重大建设的时期，其研究重点是信息和信源编码问题。70 年代，由于数字计算机的广泛应用，通信系统的能力有了极大提高，如何更有效地利用和处理信息，成为日益迫切的问题。人们越来越认识到信息的重要性，认识到信息可以作为与材料和能源一样的资源加以利用和共享。可以说，信息论是 20 世纪 40 年代后期人们从长期通信实践中总结出来的一门学科，是专门研究信息的有效处理和可靠传输的一般规律的科学，是运用概率论与数理统计的方法研究信息、信息熵、通信系统、数据传输、密码学、数据压缩等问题的应用数学学科。

本章重点学习信息论的基本概念，主要包括信源的数学模型、信息量、信息熵、信道的相关概念以及香农三大定理。通过本章相关概念的学习，有助于理解通信的基本过程，以及信息在传递过程中所涉及的基本理论。本章内容也是后续章节课程学习所必备的知识基础。

2.1　信源数学模型

任何信源产生的消息输出都是随机的，可以用随机变量、随机向量或者随机过程来描述，也可以用概率空间来描述信源。信源的输出常常以符号或者代码的形式出现，比如文字、符号、字母等，取值范围是有限或者可数的。例如，投硬币，每次不是正面就是反面；投骰子，每次都是 $1\sim6$ 点中的一个，结果是随机的，并且一定是集合中的某一个。因此，这样在时间和幅度上离散分布的信源称为**离散信源**，数学模型为离散型的概率空间，下面以一维离散随机变量 X 来描述信源输出

$$\begin{pmatrix} X \\ P(x) \end{pmatrix} = \begin{pmatrix} x_1, & \cdots, & x_n \\ P(x_1), & \cdots, & P(x_n) \end{pmatrix} \tag{2-1}$$

式中，$P(x_i)(i=1,\cdots,n)$ 满足

$$\sum_i^n P(x_i) = 1 \tag{2-2}$$

其中，$P(x_i)(i=1, \cdots, n)$ 表示随机事件 X 发生某一结果 x_i 的先验概率，该公式表示信源的可能取值范围是有限的，共有 n 个，每次输出必定为其中某一个。这是离散信源中最为基本的一种。

还有一种类型的信源，其取值在时间和幅度上都是连续分布的，同时又是随机的，例如语音信号、图像、电流值和电压值等。这种信源称为**连续信源**，其数学模型为连续型概率空间：

$$\binom{X}{P} = \binom{(a,b)}{p(x)} \tag{2-3}$$

并且

$$\int_a^b p(x)\,\mathrm{d}x = 1 \tag{2-4}$$

其中，$p(x)$ 表示随机变量 X 的概率密度函数。

离散信源和连续信源属于最基本的两种信源。下面简单归纳几种常见的信源类型。

离散平稳信源：若信源输出的 N 维随机序列 X 中，每个随机变量 $X_i(i=1, 2, \cdots, N)$ 都是取值离散的离散型随机变量，并且 X_i 的概率分布都与时间起点无关，即在任意两个不同时刻 x 和 y（x 和 y 为大于 1 的任意整数），对于任意的 $N=0, 1, 2, \cdots, X_x X_{x+1} \cdots X_{x+N}$ 和 $X_y X_{y+1} \cdots X_{y+N}$ 具有相同的概率分布。这种各维联合概率分布均与时间起点无关的信源称为离散平稳信源。

连续平稳信源：若信源输出的 N 维随机序列 X 中，每个随机变量 $X_i(i=1, 2, \cdots, N)$ 都是取值连续的连续型随机变量，并且 X_i 的概率分布都与时间起点无关，即在任意两个不同时刻 x 和 y（x 和 y 为大于 1 的任意整数），对于任意的 $N=0, 1, 2, \cdots, X_x X_{x+1} \cdots X_{x+N}$ 和 $X_y X_{y+1} \cdots X_{y+N}$ 具有相同的概率分布。这种信源称为连续平稳信源。

离散平稳信源分为有记忆和无记忆两种类型。

（1）离散有记忆信源

一般情况下，信源先后发出的符号之间是互相关联的，也就是说信源输出的平稳离散随机序列 X 中，各随机变量之间是有依赖的，例如，在中文字母组成的中文消息中，前后文字之间是有关联的，称这种信源为离散有记忆信源。故在 N 维随机向量的联合概率分布中，引入条件概率分布来描述它们之间的关联。

（2）离散无记忆信源

离散无记忆信源是最简单的离散信源，可以用完备的离散型概率空间来描述，其主要特点是离散和无记忆。离散指的是信源可能输出的消息的种类是有限的或者是可数的，消息的样本空间 R 是一个离散集合。由于信源的每一次输出都是按照消息发生的概率输出 R 中的一种消息，因此信源输出的消息可以用离散随机变量 X 表示。无记忆是指不同的信源输出消息之间相互独立。

连续平稳信源也可以分为有记忆和无记忆两种类型。

（1）连续平稳无记忆信源

在连续平稳信源情况下，若信源输出的连续型随机向量 $X = (X_1 X_2 \cdots X_N)$ 中，各随机变量 X_i 之间无相互依赖、统计独立，其联合概率密度函数满足

$$p(x_1 x_2 \cdots x_N) = p_1(x_1) p_2(x_2) \cdots p_N(x_N) \tag{2-5}$$

因为信源是平稳信源，因此 $p_1(x) = p_2(x) = \cdots = p_N(x) = p(x)$，那么 $p(x_1 x_2 \cdots x_N) = \prod_{i=1}^{N} p(x_i)$，该信源称为连续平稳无记忆信源。

（2）连续平稳有记忆信源

有依赖关系的连续平稳信源为连续平稳有记忆信源。

2.2　信息量和信息熵

2.2.1　信息量

所谓信息量就是信息多少的量度。假设信源发送方 A 发送消息给接收方 B，所发出的消息是随机的，在消息收到之前，接收方不能确定会收到什么消息，也就是无法消除消息的不确定性，这种不确定性越大，接收方 B 在收到完整消息时所获得的信息量就越大；如果消息在传输过程中受到干扰，导致接收方 B 对收到消息的不确定性减小甚至不确定性没有改变，那么获得的信息量就较少或者信息量为零。下面举几个简单例子来说明。

"太阳今天早晨竟然从东边升起！"

"吸烟有害健康！"

"天冷要多穿衣服！"

当你看到上面几个消息时，你一定会觉得很无聊，因为我们都知道这些事情，它们发生的概率几乎为 1，所以没有多少信息。

假如你看的新闻标题是："中国男篮 30 分大胜美国梦之队""中国足球队 5 比 0 大胜巴西队"，你会立刻产生兴趣，因为这些事情发生的可能性太小。因此，一件事情包含的信息和它发生的概率成负相关关系（即概率越大信息越少，概率趋近于 0，信息趋近于无穷大），信息量的大小跟这种信息不确定的消除有关。

那么可以定义信息量为：

信息量 = 不确定性减少量（消息收到前的不确定性 – 消息收到后的不确定性）

当没有干扰时，收到信息后的不确定性为零，那么此时获得的信息量 = 消息发出前的不确定性，也可以认为是信源消息所含有的信息量。用公式来表示的话，就是某件事发生所含有的信息量等同于该事件发生的先验概率函数

$$I(x_i) = f[P(x_i)] \tag{2-6}$$

式中，$P(x_i)$ 是事件 x_i 发生的先验概率，而 $I(x_i)$ 表示事件 x_i 发生所含有的信息量，称之为 x_i 的**自信息量**。

按照刚才的分析，函数 $f[P(x_i)]$ 应该满足如下条件：

（1）$f[P(x_i)]$ 与概率 $P(x_i)$ 负相关，即当 $P(x_1) > P(x_2)$ 时，$f[P(x_1)] < f[P(x_2)]$。

（2）$P(x_1) = 1$，那么 $f[P(x_1)] = 0$。

（3）$P(x_1) = 0$，那么 $f[P(x_1)] = \infty$。

（4）$I(AB) = I(A) + I(B)$，即两个毫不相关的事件 A 和事件 B 同时发生所提供的信息量等于两个事件各自发生的信息量之和。

1928 年 R. V. L. 哈特莱首先提出信息定量化的初步设想，他将消息数的对数定义为信息量。从数学上可以证明对数形式能够满足刚才所提条件。若信源有 p 种消息，且每个消息是以相等可能产生的，则该信源的信息量可表示为

$$I = \log_2(1/p) \tag{2-7}$$

其中，p 为事件发生的概率，I 为该事件的自信息量。如果对数的底取为 2，那么就是最常见的信息度量，单位为比特（bit），如果取自然对数的底 e，那么单位为奈特（nat），如果底数取为 10，那么单位为哈特（hart），通常情况下，都采用以 2 为底的对数。

由上式可以看出一种特殊情况：若 $p = 1/2$，那么 $I = 1\mathrm{bit}$，也就是二选一时的信息量。这也说明了二元数字所能提供的信息量为 1bit。

自信息量只是表征信源本身的信息特征，但在一般的通信系统里，信源、信道和信宿必须整体进行考虑。假设信源输出为 X，信宿输入为 Y，

图 2-1　信息系统模型

如图 2-1 所示，那么通常表示某事件在某种条件下出现，这时所带来的信息量就需要在 X、Y 集合中进行考虑，并且要用条件概率来进行描述。

假设在 y 条件下，随机事件 x 的条件概率为 $P(x|y)$，则 x 的出现所引发的信息量称为**条件自信息量**，如下式所示：

$$I(x|y) = \log_2 P(x|y) \tag{2-8}$$

反之，在 x 条件下，y 所带来的信息量也是条件自信息量：

$$I(y|x) = \log_2 P(y|x) \tag{2-9}$$

对于通信系统而言，该条件概率只与信道特性有关，因此上述条件自信息量可以看作

是信道给出的信息量。

接下来看第三个概念：**互信息量**。

对两个离散随机事件集合 X 和 Y，事件 y_i 的出现给出关于事件 x_i 的信息量，定义为事件 x_i 和 y_i 的互信息量 $I(x_i; y_i)$，其表达式又分为两种情况。

第一种，信道没有干扰，信宿能够完全获取信源发出的信息量，那么

$$I(x_i; y_i) = I(x_i) \tag{2-10}$$

第二种，信道有干扰，信宿所受到的信息中有干扰信息，那么按照之前条件自信息量分析可知，此时

$$\begin{aligned} I(x_i; y_i) &= I(x_i) - I(x_i | y_i) \\ &= \log_2 \frac{P(x_i | y_i)}{P(x_i)} \end{aligned} \tag{2-11}$$

互信息量的性质有如下三条：

（1）对称性

由上式可以分析事件 x_i 的出现给出关于事件 y_i 的信息量，可以得到：

$$\begin{aligned} I(y_i; x_i) &= I(y_i) - I(y_i | x_i) \\ &= \log_2 \frac{P(y_i | x_i)}{P(y_i)} \\ &= \log_2 \frac{P(y_i | x_i) P(x_i)}{P(x_i) P(y_i)} \\ &= \log_2 \frac{P(x_i y_i) / P(y_i)}{P(x_i)} \\ &= \log_2 \frac{P(x_i | y_i)}{P(x_i)} \\ &= I(x_i; y_i) \end{aligned} \tag{2-12}$$

即 $I(x_i; y_i) = I(y_i; x_i)$，称为互信息量的对称性。

从上式还可以得到，$P(x_i)$ 和 $P(y_i)$ 是事件发生的先验概率，而 $P(x_i | y_i)$ 和 $P(y_i | x_i)$ 是后验概率，那么：

$$互信息量 = \frac{后验概率}{先验概率} \tag{2-13}$$

这说明互信息量描述了两个随机事件之间的统计约束程度，如果先验概率已确定，后验概率就决定了信息的流通。

（2）值域为实数

互信息量的值可以为正数、零或者负数，按照其定义公式，可以分为几种情况进行讨论：

1）$P(x_i|y_i)=1$，那么 $I(x_i;y_i)=I(x_i)$。

后验概率为 1，说明信宿获得了信源全部信息量，即信道没有干扰。

2）$P(x_i)<P(x_i|y_i)<1$，那么 $I(x_i)>I(x_i|y_i)$，$I(x_i|y_i)>0$。

后验概率大于先验概率，说明收到事件 y_i 能够消除一些关于信源是否发生事件 x_i 的不确定度，就是说 y_i 获得了关于 x_i 的信息量。这也说明，虽然信道有干扰，信宿仍然可以从信源中获取信息量。

3）$P(x_i|y_i)=P(x_i)$，那么 $I(x_i;y_i)=I(x_i)$，$I(x_i|y_i)=0$。

后验概率等于先验概率，说明收到事件 y_i 对于信源是否发生事件 x_i 没有影响，就是说从 y_i 那里无法获得关于 x_i 的信息量，也就是说 y_i 与 x_i 无关。

4）$0<P(x_i|y_i)<P(x_i)$，那么 $I(x_i)<I(x_i|y_i)$，$I(x_i|y_i)<0$。

后验概率小于先验概率，说明收到事件 y_i 后对于信源是否发生事件 x_i 有负影响，就是说虽然给出了信息量，但不是关于 x_i 的信息量。

（3）不大于其中任一事件的自信息量

由于 $P(x_i|y_i)\leqslant1$，那么

$$I(x_i;y_i)\leqslant\log_2\frac{1}{P(x_i)}=I(x_i) \tag{2-14}$$

同理 $P(y_i|x_i)\leqslant1$，那么

$$I(y_i;x_i)\leqslant\log_2\frac{1}{P(y_i)}=I(y_i) \tag{2-15}$$

说明互信息量是描述信息流通的物理量，流通量的数值不能大于被流通量的数值。同时也说明某事件的自信息量是其他事件所能提供该事件的最大信息量。

最后来看第四个概念：**平均互信息量**。

互信息量只能定量地描述信源中发出某个消息 x_i，信宿中出现某一消息 y_i 时，流经信道的信息量，不能作为信道上信息流通的整体测度。如果要从整体的角度并且在平均意义上来度量信宿每接收到一个符号而从信源获取的信息量，那么就要引入平均互信息量这个概念。

两个离散随机事件集合 X 和 Y，若任意两事件间的互信息量为 $I(x_i;y_i)$，则其联合概率加权的统计平均值，称为两集合的平均互信息量，用 $I(X;Y)$ 表示。

当信宿收到某一符号 y_i 后，从中获得关于输入符号的平均信息量，应该是在条件概率空间中的统计平均，用 $I(X;y_i)$ 表示：

$$\begin{aligned}I(X;y_i)&=\sum_{i=1}^{N}P(x_i|y_i)I(x_i;y_i)\\&=\sum_{X}P(x|y_i)I(x;y_i)\end{aligned} \tag{2-16}$$

再对其在集合 Y 中取统计平均，得到

$$
\begin{aligned}
I(X;Y) &= \sum_{j=1}^{M} P(y_i) I(X;y_i) \\
&= \sum_{i=1}^{N} \sum_{j=1}^{M} P(y_i) P(x_i|y_i) \log_2 \frac{P(x_i|y_i)}{P(x)} \\
&= \sum_{XY} P(xy) \log_2 \frac{P(x|y)}{P(x)} \\
&= \sum_{XY} P(xy) I(x;y)
\end{aligned}
\tag{2-17}
$$

上式即是平均互信息量的数学表达式。

2.2.2 信息熵

一个信源的信息量有多少，很大程度上就是由它输出的多种情况及各种情况的概率分布所决定的。信源发出的消息 x_i 不同，其发生的概率 $P(x_i)$ 也不同，那么它们所含有的信息量 $I(x_i)$ 就会不同，因此自信息量 I 是一个随机变量，不能作为整个信源的总体信息测度。如果要描述信源整体的信息量，那么应该是信源各个不同符号 $x_i(i=1,\cdots,N)$ 所包含的自信息量 $I(x_i)$ 在信源概率空间 $P(X)=\{P(x_1),P(x_2),\cdots,P(x_N)\}$ 中的统计平均值，称之为平均自信息量，即

$$
\begin{aligned}
H(X) &= \sum_{i=1}^{N} P(x_i) I(x_i) \\
&= -\sum_{i=1}^{N} P(x_i) \log_2 P(x_i)
\end{aligned}
\tag{2-18}
$$

该表达式与热力学中的熵表达式类似。熵在热力学中的意义是不确定度。1948 年，香农（Shannon）在他著名的论文《通信的数学原理》中指出："信息是用来消除随机不确定性的东西"，并提出了"信息熵"的概念（借用了热力学中熵的概念），来解决信息的度量问题。在信息论中将上式中的 H 称为**信息熵**。对于单符号离散信源，信息熵是信源每发一个符号所提供的平均信息量，量纲为信息单位/信源符号。如果选取以 r 为底的对数，那么信息熵选用 r 进制单位，即

$$
H(X) = -\sum_{i=1}^{N} P(x_i) \log_{2r} P(x_i) \quad (r \text{ 进制单位/符号})
\tag{2-19}
$$

其中变量 X 指某随机变量的整体，如果选以 2 为底的对数，信息熵的单位是比特/符号。

我们以最简单的单符号二元信源为例进行说明，该信源仅取 0 和 1 两个元素，那么其概率为 p 和 $1-p$，其熵为：

$$
H(X) = -p \log_2 p - (1-p) \log_2 (1-p)
\tag{2-20}
$$

当 $p=0$ 或 1 时，$H(X)=0$，当 $p=\dfrac{1}{2}$ 时，$H(X)=1$。图 2-2 给出了二进制熵函数的曲线。

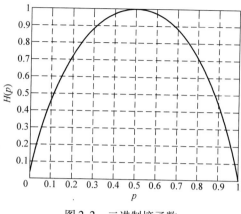

图 2-2　二进制熵函数

由图可见，离散信源的信息熵具有：

1）非负性，即收到一个信源符号所获得的信息量应为正值，$H(X)\geqslant0$。

2）对称性，即对称于 $p=0.5$。

3）确定性，$H(1,0)=0$，即 $p=0$ 或 $p=1$ 已是确定状态，所得信息量为零。

4）极值性，当 $p=0.5$ 时，$H(X)$ 最大；而且 $H(X)$ 是 p 的上凸函数。

【例 2-1】看一个信息熵的例子，假设世界杯决赛圈 32 强已经产生，那么随机变量"世界杯足球赛 32 强中，谁是世界杯冠军？"的信息量是多少呢？

【解】根据香农给出的信息熵公式，对于任意一个随机变量 X，它的信息熵定义如下，单位为比特/符号：

$$H(X) = -\sum_{i=1}^{N} P(x_i)\log_2 P(x_i) \tag{2-21}$$

那么上述随机变量（谁获得冠军）的信息量是：

$$H(X) = -(P_1\log_2 P_1 + P_2\log_2 P_2 + \cdots + P_{32}\log_2 P_{32}) \tag{2-22}$$

其中，P_1，$\cdots$，P_{32} 分别是这 32 强球队夺冠的概率。

容易验证，以下几个结论成立：

1）32 强球队夺冠概率相同时，$H=5$。

2）夺冠概率不同时，$H<5$。

3）H 不可能大于 5。

对于第一个结论，结果是很显然的，夺冠概率相同，即每个球队夺冠概率都是 1/32，所以

$$\begin{aligned}
H(X) &= -\left(\frac{1}{32}\log_2\left(\frac{1}{32}\right) + \frac{1}{32}\log_2\left(\frac{1}{32}\right) + \cdots + \frac{1}{32}\log_2\left(\frac{1}{32}\right)\right) \\
&= -\log_2\left(\frac{1}{32}\right) \\
&= \log_2(32) \\
&= 5\,(\text{比特／符号})
\end{aligned} \tag{2-23}$$

对于第二个和第三个结论，可以使用拉格朗日乘子法进行证明。这实际上是说系统中各种随机性概率越均等，信息熵越大，反之熵越小。

【例 2-2】 再来看一个比赛例子，假设有 4 个选手 A、B、C、D，获胜概率分别为 1/2、1/4、1/8 和 1/8。接下来，将哪一选手获胜视为一个随机变量 $X \in \{A，B，C，D\}$。假定需要用尽可能少的二元问题来确定随机变量 X 的取值。

比如：问题 1：A 获胜了吗？问题 2：B 获胜了吗？问题 3：C 获胜了吗？最后可以通过最多 3 个二元问题，来确定 X 的取值，即哪一个选手赢了比赛。

如果 $X = A$，那么需要问 1 次（问题 1：是不是 A？），概率为 1/2；

如果 $X = B$，那么需要问 2 次（问题 1：是不是 A？问题 2：是不是 B？），概率为 1/4；

如果 $X = C$，那么需要问 3 次（问题 1，问题 2，问题 3：是不是 C？），概率为 1/8；

如果 $X = D$，那么同样需要问 3 次（问题 1，问题 2，问题 3），概率为 1/8。

那么很容易计算，在这种问法下，为确定 X 取值，需要的二元问题数量为：

$$E(N) = \frac{1}{2} \times 1 + \frac{1}{4} \times 2 + \frac{1}{8} \times 3 + \frac{1}{8} \times 3$$

$$= \frac{7}{4}$$

如果按照信息熵的定义，可以得到：

$$H(X) = \frac{1}{2}\log_2 2 + \frac{1}{4}\log_2 4 + \frac{1}{8}\log_2 8 + \frac{1}{8}\log_2 8$$

$$= \frac{7}{4}$$

前面分析过，在二进制中，一个比特为 0 或 1，就代表了一个二元问题的答案。那么在计算机中给哪一位选手夺冠这个事件进行编码，所需要的平均码长为 1.75 个（7/4 个）比特。很显然，为了尽可能减少码长，要给发生概率较大的事件，分配较短的码长，深入讨论这个问题就可以得出霍夫曼编码的概念。

例如本例题中，对于 $\{A，B，C，D\}$ 四个选手，可以分别由 $\{0，10，110，111\}$ 来表示，如果把最短的码"0"分配给发生概率最高的 A，码"10"分配给 B，以此类推，得到的平均码长为 1.75bit。但是如果反过来，给 A 分配最长的码"111"，以此类推，那么平均码长就会变成 2.625bit。霍夫曼编码就是利用了这种大概率事件分配短码的思想，并且证明这种编码方式是最优的。

从香农给出的数学公式可以看出，信息熵其实是一个随机变量信息量的数学期望。

前面给出了条件自信息量的定义，同样可以得出**条件熵**的定义：

$$\begin{aligned} H(X|y) &= \sum_X P(x|y) I(x|y) \\ &= -\sum_X P(x|y)\log_2 P(x|y) \end{aligned} \tag{2-24}$$

扩展到整个 Y 集合，可以得到：

$$H(X \mid Y) = \sum_{Y} P(y) H(X \mid y)$$

$$= - \sum_{XY} P(xy) \log_2 P(x \mid y) \qquad (2\text{-}25)$$

定义如下：对于联合符号集 XY，在给定 Y 的条件下，用联合概率 $P(xy)$ 对 X 集合的条件自信息量进行加权的统计平均值，称为 X **的条件熵**。因此条件熵可以看作是信道给出的平均信息量。

【例 2-3】 已知 X，$Y \in \{0, 1\}$，X、Y 构成的联合概率为：$P(00) = P(11) = 1/8$，$P(01) = P(10) = 3/8$，计算条件熵 $H(X \mid Y)$。

【解】 由 $P(y_j) = \sum\limits_{i=1}^{2} P(x_i y_j)$，可以得到

$$P(0) = P(y_1 = 0)$$

$$= P(x_1 y_1 = 00) + P(x_2 y_1 = 10)$$

$$= \frac{1}{8} + \frac{3}{8} = \frac{1}{2}$$

同理，可以得到

$$P(1) = P(y_2 = 1) = \frac{1}{2}$$

由 $P\left(\dfrac{x_i}{y_j}\right) = \dfrac{P(x_i y_j)}{P(y_j)}$，$i, j \in \{1, 2\}$，可以求得

$$P(0 \mid 0) = P(x_1 = 0 \mid y_1 = 0)$$

$$= \frac{P(00)}{P(0)}$$

$$= \frac{P(x_1 y_1 = 00)}{P(y_1 = 0)}$$

$$= \frac{1/8}{1/2}$$

$$= \frac{1}{4}$$

$$= P(1 \mid 1)$$

同理，$P(1 \mid 0) = P(0 \mid 1) = \dfrac{3}{4}$，可以求得

$$H(X \mid Y) = - P(00) \log_2 P(0 \mid 0) - P(01) \log_2 P(0 \mid 1) - P(10) \log_2 P(1 \mid 0) - P(11) \log_2 P(1 \mid 1)$$

$$= \left(-\frac{1}{8} \log_2 \frac{1}{4} - \frac{3}{8} \log_2 \frac{3}{4} \right) \times 2$$

$$= 0.8113 \quad （比特/符号）$$

2.3　无失真信源编码定理

编码分为信源编码和信道编码，其中信源编码又分为无失真编码和限失真编码，无失真信源编码定理是离散信源编码的基础，而限失真信源编码定理是连续信源编码的基础。本节讨论无失真信源编码的相关概念。

通信的目的是信息通过信道进行传递，传递的过程有两个重要问题需要注意。一个是在不失真或者允许一定失真条件下，如何用尽可能少的符号来传递信息，提高信息的传输率，另一个是如何在信道受干扰的情况下增强信号抗干扰能力，提高传输可靠性并使信息传输率最大。

人们都希望将所有信息没有任何损失地传递到接收端，实现无失真通信，那么首先要对信源进行无差错编码。这里重点讨论离散信源的无失真编码定理。

对信源进行编码，就是设计一个编码器，将信源的原始符号按照一定的数学规则进行变换，生成适合信道传输的符号，通常称为码元（码序列）。

将离散信源输出信息定义为离散符号集，如下所示：

$$X = (X_1, \cdots, X_l, \cdots, X_L)$$
$$X_l \in \{x_1, \cdots, x_i, \cdots, x_n\}$$

(2-26)

即，序列中每个符号 x_i 属于符号序列 X_l，多个 X_l 构成信源消息组。

那么信源编码就是将上面的输出转换成如下结果：

$$Y = (Y_1, \cdots, Y_k, \cdots, Y_L)$$
$$Y_k \in \{y_1, \cdots, y_i, \cdots, y_m\}$$

(2-27)

这种码元序列，通常称为码字，所有码字集合称为码。编码就是从信源符号到码元的映射，要想实现无失真信源编码，这种映射必须一一对应，就是每个信源消息可以编成一个码字，反之，每个码字只能翻译成一个固定消息。这种码称为唯一可译码。

在给消息分配码字的时候分配多少可以做到无失真译码？码字越多，所需要的信息率就越大，很明显，我们希望信息率越小越好，但是信息率小到多少能保证无失真呢？首先要给出关于码的定义。

（1）二元码

如果码符号集为 $X = \{0, 1\}$，所得到的码字都是二元序列，称为**二元码**。

如果将信源通过二元信道进行传输，那么就需要将信源符号转换为由 0 和 1 组成的二元码序列，这也是数字图像处理最为常用的一种方法。

（2）等长码（定长码）

如果一组码中所有码字的长度都相等，称之为**等长码**。

（3）变长码

如果一组码中所有码字的长度都不相同，称之为**变长码**。

（4）非奇异码

如果一组码中所有码字都不相同，即所有信源符号映射到不同的码元序列，它们之间是一一对应的，那么称之为非奇异码。

（5）奇异码

如果一组码中有相同的码字，即所有信源符号映射到相同的码元序列，那么称之为奇异码。

（6）同价码

如果码符号集中每个码符号所占用的传输时间都相同，则所得到的码为同价码。一般来讲，二元码都是同价码。

（7）码的 N 次扩展码

假设某码 C，它把信源 S 中的符号 s_i 转化成码 C 中的码字 W_i，则码 C 的 N 次扩展码是所有 N 个码字组成的码字序列的集合。

（8）唯一可译码

如果码的任意一串有限长的码符号序列只能被唯一地译成所对应的信源符号序列，那么此码称为唯一可译码。否则就称为非唯一可译码。

可以看出，信源编码分为定长和变长两种方法。定长的码字长度 K 是固定的，对应的编码定理叫作定长信源编码定理，是寻找最小 K 值的编码方法。后者的 K 是变值，对应的编码定理叫作变长编码定理。

1. 定长编码定理

一个熵为 $H(S)$ 的离散无记忆信源，若对信源长为 N 的符号序列进行等长编码，假设码字为从 r 个字母的码符号集中选取 l 个码元组成，对于任意 ε 大于 0，只要满足

$$\frac{l}{N} \geq \frac{H(S) + \varepsilon}{\log_2 r} \tag{2-28}$$

当 N 无穷大时，则可以实现几乎无失真编码，反之，若

$$\frac{l}{N} \leq \frac{H(S) - 2\varepsilon}{\log_2 r} \tag{2-29}$$

则不可能实现无失真编码，当 N 趋向无穷大时，译码错误率接近 1。该公式的证明过程略，读者感兴趣可以参考相关书籍。

上式可以变换为

$$l\log_2 r > NH(S) \tag{2-30}$$

公式左边表示长为 l 的码符号所能载荷的最大信息量，而右边代表长为 N 的序列平均携带的信息量。因此，只要码字传输的信息量大于信源序列携带的信息量，就可以实现无失真编码。

上式还可以变换为

$$\frac{l}{N}\log_2 r \geqslant H(S) + \varepsilon \tag{2-31}$$

假设 $R' = \frac{l}{N}\log_2 r$，表示平均每个符号的信息量，称之为**编码信息率**。可见，只有编码信息率大于信源的熵，才能实现无失真编码。也就是说，信源熵其实就是一个临界值，当编码器输出信息率超过该临界值时，就能无失真编码，否则就无法不失真。

为了衡量编码效果，定义

$$\eta = \frac{H(S)}{R'} = \frac{H(S)}{\dfrac{l}{N}\log_2 r} \tag{2-32}$$

称之为**编码效率**。

那么最佳编码效率为

$$\eta = \frac{H(S)}{R'} = \frac{H(S)}{H(S) + \varepsilon}(\varepsilon > 0) \tag{2-33}$$

$$\varepsilon = \frac{1-\eta}{\eta}H(S) \tag{2-34}$$

该定理也说明，编码信息率大于单符号熵时，可以做到几乎无失真，前提是 N 必须足够大。可以证明，当方差 $D[I(x)]$ 和 ε 均为定值时，只要信源序列长度 N 满足

$$N \geqslant \frac{D[I(x)]}{\varepsilon^2 \delta} \tag{2-35}$$

即

$$N \geqslant \frac{D[I(x)]\eta^2}{H^2(S)(1-\eta)^2\delta} \tag{2-36}$$

译码差错率就一定小于任意正数 δ。

接下来看一个示例。考虑一个如下的离散无记忆信源

$$\begin{pmatrix} S \\ P(s) \end{pmatrix} = \begin{pmatrix} s_1 & s_2 \\ \dfrac{3}{4} & \dfrac{1}{4} \end{pmatrix}$$

$$H(S) = \frac{1}{4}\log_2 4 + \frac{3}{4}\log_2 \frac{4}{3} = 0.811$$

$$D[I(s_i)] = \sum_{i=1}^{2} p_i (\log_2 p_i)^2 - [H(S)]^2$$

$$= \frac{1}{4}(\log_2 4)^2 + \frac{3}{4}\left(\log_2 \frac{4}{3}\right)^2 - 0.811^2$$

$$= 0.4715$$

如果采用等长二元编码,要求编码效率 $\eta = 0.96$,允许错误率 $\delta \leqslant 10^{-5}$,那么 $N \geqslant$ 4.13×10^7,也就是说长度要达到 4130 万以上,技术实现非常困难,而且编码效率也不高。为了解决这个问题,就出现了变长编码。

变长编码允许把等长消息变成不等长的码序列,一般情况下把经常出现的消息编成短码,不经常出现的消息编成长码,从而使得平均码长最短,提高通信效率,但是这种方式会增加编译码设备的复杂度。

2. 变长编码定理

设离散无记忆信源为

$$\begin{pmatrix} S \\ P(s) \end{pmatrix} = \begin{pmatrix} s_1, & \cdots, & s_q \\ P(s_1), & \cdots, & P(s_q) \end{pmatrix} \tag{2-37}$$

编码后码字

$$W_1, \cdots, W_q$$

码长为

$$l_1, \cdots, l_q$$

对唯一可译码来讲,信源符号与码字一一对应,因此

$$P(W_i) = P(s_i) \quad (i = 1, \cdots, q) \tag{2-38}$$

码的平均长度为

$$\bar{L} = \sum_{i=1}^{q} P(s_i) l_i \text{(码符号/信源符号)} \tag{2-39}$$

当信源给定时,信源的熵就是确定的,编码后平均每个码元携带的信息量也就是编码后的**信息传输率**为

$$R = H(X) = \frac{H(S)}{\bar{L}} \text{(比特/码符号)} \tag{2-40}$$

如果传输一个码符号平均需要 t 秒,那么编码后每秒信息量为

$$R_t = \frac{H(S)}{t\bar{L}} \text{(bit/s)} \tag{2-41}$$

可以看出,$\bar{L}$ 值越小,信息传输效率越高,如果有一个唯一可译码,它的平均码长小于其他唯一可译码的长度,则称此码为**紧致码**(最佳码),无失真信源编码的基本问题就是

寻找紧致码。从而就得到如下定理,即无失真变长信源编码定理(香农第一定理):

离散无记忆信源 S 的 N 次扩展信源 S^N,其熵为 $H(S^N)$,并且编码器的码元符号集为 A: $\{\alpha_1, \cdots, \alpha_q\}$,对信源 S^N 进行编码,总可以找到一种无失真编码方法,构成唯一可译码,使信源 S 中每个符号 s_i 所需要的平均码长满足

$$\frac{H(S)}{\log_2 r} \leqslant \frac{\overline{L}_N}{N} < \frac{H(S)}{\log_2 r} + \frac{1}{N} \qquad (2\text{-}42)$$

当 $N \to \infty$ 时,得到

$$\lim_{N \to \infty} \frac{\overline{L}_N}{N} = \lim_{N \to \infty} \overline{L} = H_r(S) \qquad (2\text{-}43)$$

其中

$$\overline{L}_N = \sum_{i=1}^{q^N} P(\alpha_i) \lambda_i \qquad (2\text{-}44)$$

式中,λ_i 是 α_i 对应的码字长度,$\overline{L}_N$ 是无记忆扩展信源 S^N 中每个符号 α_i 的平均码长,那么 $\overline{L}_N/N$ 仍然是信源 S 中每一单个信源符号所需的平均码长。$\overline{L}_N/N$ 和 $\overline{L}$ 两者都是每个信源符号所需的码符号的平均数,$\overline{L}_N/N$ 表示为了得到这个平均值,不是对单个信源符号进行编码,而是对 N 个信源符号的序列进行编码。

这个定理是香农信息论中非常重要的一个定理,它指出,要做到无失真的信源编码,信源每个符号所需的平均码元数就是信源的熵值,如果小于这个值,则唯一可译码不存在,在译码或反变换时必然带来失真或差错,可见,信源的信息熵是无失真信源编码的极限值。定理还指出,通过对扩展信源进行编码,当 N 趋向于无穷时,平均码长可以趋近该极限值。

由

$$\frac{H(S)}{\log_2 r} \leqslant \frac{\overline{L}_N}{N} < \frac{H(S)}{\log_2 r} + \frac{1}{N} \qquad (2\text{-}45)$$

可以得到

$$H(S) + \varepsilon > \frac{\overline{L}_N}{N} \log_2 r \geqslant H(S) \qquad (2\text{-}46)$$

$\dfrac{\overline{L}_N}{N} \log_2 r$ 就是编码后每个信源符号所携带的平均信息量。定义

$$R' = \frac{\overline{L}_N}{N} \log_2 r \qquad (2\text{-}47)$$

那么香农第一定理就可以表述为:

- 如果 $R' > H(S)$,则存在唯一可译变长码。

- 如果 $R' < H(S)$，则不存在唯一可译变长码。

若从信道角度讲，信道的信息传输率为

$$R = \frac{H(S)}{\bar{L}} \tag{2-48}$$

由于

$$\bar{L} = \frac{\bar{L}_N}{N} \geqslant \frac{H(S)}{\log_2 r} \tag{2-49}$$

所以

$$R \leqslant \log_2 r \tag{2-50}$$

当平均码长达到极限值时，编码后信道的信息传输率为

$$R = \log_2 r \text{（比特/码符号）} \tag{2-51}$$

此时，信道的信息传输率等于无噪无损信道的信道容量 C，编码效率最高，即信息传输率最高。因此无失真信源编码的实质就是对离散信源进行适当的变换，使变换后新的符号序列信源尽可能为等概率分布，以使新信源的每个码符号平均所含的信息量达到最大，从而使信息传输率 R 达到信道容量 C，实现信源和信道理想的统计匹配。这是香农第一定理的另一层含义，因此无失真信源编码实质上就是无噪信道编码问题。

因此，无失真信源编码定理又称为**无噪信道编码定理**：若信道的信息传输率 R 不大于信道容量 C，总能对信源的输出进行适当的编码，使得在无噪无损信道上能无差错地以最大信息传输率 C 传输信息，若信息传输率 R 大于信道容量 C，那么无差错信息传输是不可能的。

2.4　限失真信源编码定理

之前讨论的都是无失真编码，为了达到无失真，往往需要花费巨大的代价，同时，在很多种情况下，人们并不需要完全的无失真，接近信源发出的消息就能够满足要求。例如，在一块较小的手机屏幕上，2K 分辨率和 1K 分辨率对于人眼来说并没有多大区别；用普通耳机听音乐，高品质音乐和稍低品质的音乐对人的耳朵来讲差别也不是很大；看电影时，由于人眼的视觉暂留特点，每秒 24 帧图像和 36 帧图像观看感受差别不是很大。但是数据量却差别很大。这就是说，在许多应用场景下，失真是可以允许的，可以节约很多成本，并大大提高通信的效率。但是在允许失真的前提下，这个失真度如何把握？如何对失真进行描述？信息率失真函数回答了这些问题。香农提出的限失真编码定理定量地描述了失真，研究了信息率和失真之间的关系，已经成为量化、数据转换等现代通信技术的理论基础。

本节简单介绍相关理论的基本原理，以方便读者后续章节的学习。

2.4.1 信息率失真函数

实际应用中，信号有一定程度的失真是可以容忍的。但是当失真超出某一限度后，信息质量将严重受损，甚至无法使用。要规定失真限度，必须先有一个定量的失真测度。因此引入了失真函数的概念。

1. 失真函数

设离散无记忆信源 X，$X = \{x_1, \cdots, x_r\}$，其概率分布为 $P(x) = [P(x_1), \cdots, P(x_r)]$。信源符号通过信道传输到某接收端，接收端的接收变量 $Y = \{y_1, \cdots, y_s\}$。如图 2-3 所示。

图 2-3　简化的通信系统

对应于每一对 (x, y)，指定一个非负的函数

$$d(x_i, y_j) \geqslant 0 \quad \begin{matrix} (i = 1, \cdots, r) \\ (j = 1, \cdots, s) \end{matrix} \tag{2-52}$$

为单个符号的**失真函数**（失真度），用来测量信源发出一个符号 x_i，在接收端收到一个符号 y_j 所引起的误差和失真。

$$d(x_i, y_j) = \begin{cases} 0 & x_i = y_j \quad \text{无失真} \\ \alpha & \alpha > 0 \quad x_i \neq y_j \quad \text{有失真} \end{cases} \tag{2-53}$$

很明显，如果 $x_i = y_j$，说明发送和接收之间没有失真，故 $d(x_i, y_j) = 0$，反之，如果 $x_i \neq y_j$，则意味着出现了失真，$d(x_i, y_j)$ 的值不为 0。

由于信道输入符号集 $X = \{x_1, \cdots, x_r\}$ 有 r 种符号，输出符号集 $Y = \{y_1, \cdots, y_s\}$ 有 s 种符号，因此 $d(x_i, y_j)$ 就有 $r \times s$ 个。按照 $x_i (i = 1, \cdots, r)$ 和 $y_j (j = 1, \cdots, s)$ 的对应关系，排列为一个 $r \times s$ 矩阵，得到

$$\boldsymbol{D} = \begin{pmatrix} d(x_1, y_1) & d(x_1, y_2) & \cdots & d(x_1, y_s) \\ d(x_2, y_1) & d(x_2, y_2) & \cdots & d(x_2, y_s) \\ \vdots & \vdots & \ddots & \vdots \\ d(x_r, y_1) & d(x_r, y_2) & \cdots & d(x_r, y_s) \end{pmatrix} \tag{2-54}$$

称之为失真矩阵 $\boldsymbol{D}$。

接下来看几个常见的失真函数。

（1）汉明失真

信源和信宿的符号集合相同，每个符号的交叉传输概率相等，就是说当再现的接收符号与发送的信源符号相同时 $(i = j)$，不存在失真，失真度为 0；当接收符号与发送符号不

同时，失真存在并且都为常数 1。即

$$d(x_i, y_j) = \begin{cases} 0, & i = j \\ 1, & i \neq j \end{cases} \tag{2-55}$$

那么它的失真矩阵为 $r \times r$ 矩阵

$$\boldsymbol{D} = \begin{pmatrix} 0 & 1 & \cdots & 1 \\ 1 & 0 & & \vdots \\ 1 & \cdots & \ddots & 1 \\ 1 & \cdots & 1 & 0 \end{pmatrix} \tag{2-56}$$

该矩阵具有对称性，用汉明矩阵来度量失真的信源称为离散对称信源。

当 $r = 2$ 时，则为二进制删除信道，有

$$\boldsymbol{D} = \begin{pmatrix} 0 & 1 \\ 1 & 0 \end{pmatrix} \tag{2-57}$$

它表示发送信源符号 0(1) 同时接收符号也是 0(1) 时，认为无失真，反之，发送 0(1)，接收 1(0)，则认为有失真并且两种错误等同。

【例 2-4】 设信道输入 $X = \{0, 1\}$，输出 $Y = \{0, 1, 2\}$，失真函数为 $d(0, 0) = d(1, 1) = 0$，$d(0, 1) = d(1, 0) = 1$，$d(0, 2) = d(1, 2) = 0.6$，求 $\boldsymbol{D}$。

【解】

$$\boldsymbol{D} = \begin{pmatrix} 0 & 1 & 0.6 \\ 1 & 0 & 0.6 \end{pmatrix}$$

该信道为一个二元删除信道。

接下来将单符号失真函数推广到长度为 N 的信源符号序列失真函数。设信源输出符号序列 $X = X_1 X_2 \cdots X_N$，其中每个随机变量都取值于同一符号集 $X = \{x_1, \cdots, x_r\}$，因此共有 r^N 个不同的信源符号序列 x_i，接收符号序列为 $Y = Y_1 Y_2 \cdots Y_N$，同样其中每个随机变量都取值于同一个符号集 $Y = \{y_1, \cdots, y_s\}$，一共有 s^N 个不同的接收符号序列 y_j。由此可以得出如下定义：

设发送序列为 $X = \{x_1, \cdots, x_r\}$，接收序列为 $Y = \{y_1, \cdots, y_s\}$，那么定义序列的失真度为

$$\begin{aligned} d(x_i, y_j) &= d(x_{i_1} \cdots x_{i_N}, y_{j_1} \cdots y_{j_N}) \\ &= d(x_{i_1}, y_{j_1}) + \cdots + d(x_{i_N}, y_{j_N}) \\ &= \sum_{k=1}^{N} d(x_{i_k}, y_{j_k}) \end{aligned}$$

即信源序列的失真度等于序列中对应单个符号失真度之和，不同的 (x_i, y_j)，其对应

的 $d(x_i, y_j)$ 也不同，矩阵形式的 $\boldsymbol{D}(N)$ 为 $r^N \times s^N$ 矩阵。

【例2-5】设信源输出序列 $X = X_1 X_2 X_3$，其中每个随机变量均取值于 $X = \{0, 1\}$。经过信道传输后的输出为 $Y = Y_1 Y_2 Y_3$，其中每个随机变量都取值于 $Y = \{0, 1\}$。定义失真函数 $d(0, 0) = d(1, 1) = 0$，$d(0, 1) = d(1, 0) = 1$，求失真矩阵 $\boldsymbol{D}(N)$。

【解】根据序列失真函数定义，可以得到：

$$d(000, 000) = d(0, 0) + d(0, 0) + d(0, 0) = 0$$

$$d(000, 001) = d(0, 0) + d(0, 0) + d(0, 1) = 1$$

以此类推，可以得到失真矩阵为

$$\boldsymbol{D}(N) = \begin{pmatrix} 0 & 1 & 1 & 2 & 1 & 2 & 2 & 3 \\ 1 & 0 & 2 & 1 & 2 & 1 & 3 & 2 \\ 1 & 2 & 0 & 1 & 2 & 3 & 1 & 2 \\ 2 & 1 & 1 & 0 & 3 & 2 & 2 & 1 \\ 1 & 2 & 2 & 3 & 0 & 1 & 1 & 2 \\ 2 & 1 & 3 & 2 & 1 & 0 & 2 & 1 \\ 2 & 3 & 1 & 2 & 1 & 2 & 0 & 1 \\ 3 & 2 & 2 & 1 & 2 & 1 & 1 & 0 \end{pmatrix}$$

（2）平方误差失真

失真函数定义为

$$d(x_i, y_j) = (x_i - y_j)^2 \tag{2-58}$$

其中 i，$j = 1, 2, \cdots, r$。其失真矩阵为

$$\boldsymbol{D} = \begin{pmatrix} d(x_1 - y_1)^2 & d(x_1 - y_2)^2 & \cdots & d(x_1 - y_r)^2 \\ d(x_2 - y_1)^2 & d(x_2 - y_2)^2 & \cdots & d(x_2 - y_r)^2 \\ \vdots & \vdots & \ddots & \vdots \\ d(x_r - y_1)^2 & d(x_r - y_2)^2 & \cdots & d(x_r - y_r)^2 \end{pmatrix} \tag{2-59}$$

这意味着幅度差值大要比幅度差值小所引发的失真更严重。

【例2-6】设信道 $r = s = 3$，输入 $X = \{0, 1, 2\}$，输出 $Y = \{0, 1, 2\}$，求平方误差失真矩阵 D。

【解】

$$\boldsymbol{D} = \begin{pmatrix} 0 & 1 & 4 \\ 1 & 0 & 1 \\ 4 & 1 & 0 \end{pmatrix}$$

2. 平均失真度与保真度准则

$d(x_i, y_j)$ 只能表示两个特定符号 x_i 和 y_j 之间的失真，为了表示信道平均每传递一个符号所引起失真的大小，定义平均失真度为失真函数的数学期望，即 $d(x_i, y_j)$ 在 X 和 Y 的联合概率空间 $P(XY)$ 中的统计平均值：

$$\overline{D} = E[d(x_i, y_j)] \tag{2-60}$$

其中，$E[\cdot]$ 表示求期望。

如果已知信道传递概率为 $P(y_j|x_i)$，按照数学期望的定义

$$\begin{aligned}
\overline{D} &= \sum_{i=1}^{r} \sum_{j=1}^{s} P(x_i y_j) d(x_i, y_j) \\
&= \sum_{i=1}^{r} \sum_{j=1}^{s} P(x_i) P(y_j|x_i) d(x_i, y_j)
\end{aligned} \tag{2-61}$$

可以看出，平均失真度描述了在平均意义上信源在某一信道传输下的失真大小。

上面是单符号信源的失真度和平均失真度。对于单符号离散无记忆信源 $X = \{x_1, \cdots, x_r\}$，其 N 次扩展信源为 $X^N = X_1 X_2 \cdots X_N$，在信道中的传递作用相当于单符号离散无记忆信道的 N 次扩展信道，输出同样是一个随机变量序列 $Y^N = Y_1 Y_2 \cdots Y_N$。其输入有 r^N 个不同符号：

$$x_i = \{x_{i1}, \cdots, x_{iN}\}$$
$$x_{i1}, \cdots, x_{iN} \in \{x_1, \cdots, x_r\}$$
$$i_1, \cdots, i_N = 1, \cdots, r$$
$$i = 1, \cdots, r^N$$

信道输出共有 s^N 个不同符号

$$y_j = \{y_{j1}, \cdots, y_{jN}\}$$
$$y_{j1}, \cdots, y_{jN} \in \{y_1, \cdots, y_s\}$$
$$j_1, \cdots, j_N = 1, \cdots, s$$
$$j = 1, \cdots, s^N$$

那么 N 次扩展信道的失真函数为

$$\begin{aligned}
d(x_i, y_j) &= \sum_{k=1}^{N} d(x_{ik}, y_{jk}) \\
&= d(x_{i1}, y_{j1}) + d(x_{i2}, y_{j2}) + \cdots + d(x_{ik}, y_{jk})
\end{aligned} \tag{2-62}$$

其 N 次扩展信道的平均失真函数为

$$\overline{D}(N) = E[d(x, y)]$$

$$= \sum_{i=1}^{r^N} \sum_{j=1}^{s^N} P(x_i) P(y_j | x_i) d(x_i, y_j) \qquad (2\text{-}63)$$

那么单个符号的平均失真度（信源平均失真度）为

$$\overline{D}_N = \frac{1}{N} \overline{D}(N)$$

$$= \frac{1}{N} \sum_{i=1}^{r^N} \sum_{j=1}^{s^N} P(x_i) P(y_j | x_i) d(x_i, y_j) \qquad (2\text{-}64)$$

当信源与信道都是无记忆时，N 次扩展信源的平均失真度为

$$\overline{D}(N) = \sum_{k=1}^{N} \overline{D}_k \qquad (2\text{-}65)$$

其中，$\overline{D}_k$ 表示信源序列中第 k 个分量的平均失真度，如果信源是平稳信源，那么

$$\overline{D}_k = \overline{D} \qquad (2\text{-}66)$$

于是

$$\overline{D}(N) = N\overline{D} \qquad (2\text{-}67)$$

也就是说，离散无记忆平稳信源通过无记忆信道，其信源序列的平均失真度等于单个符号平均失真度的 N 倍。

如果平均失真度 $\overline{D}$ 不大于所允许的失真 D，称之为**保真度准则**。即：

$$\overline{D} \leq D \qquad (2\text{-}68)$$

同样，N 维信源序列的保真度准则如下：

$$\overline{D}(N) \leq ND \qquad (2\text{-}69)$$

即离散无记忆 N 次扩展信源通过离散无记忆 N 次扩展信道的平均失真度不大于单符号信源通过单符号信道的平均失真度的 N 倍。

3. 信息率失真函数

对于单符号信源和单符号信道在信源给定并定义了具体的失真函数以后，人们总希望在满足一定失真的情况下，使传送信源必须传给收信者的信息传输率 R 越小越好，从接收端来看，就是在满足保真度准则 $\overline{D} \leq D$ 的条件下，寻找再现信源消息所需的最低平均信息量，即平均互信息 $I(X; Y)$ 的最小值。设 B_D 是满足保真度准则的试验信道集合，由于平均互信息是信道传递概率 $P(y_j | x_i)$ 的下凸函数，因此在 B_D 集合中，极小值存在，这个最小值就是在满足保真度准则的条件下，信源传输的最小平均信息量，称为信息率失真函数或者率失真函数。其表达式为

$$R(D) = \min_{p(y_j | x_i) \in B_D} \{ I(X;Y) \} \qquad (2\text{-}70)$$

那么对于离散无记忆信源的 N 次扩展信源和离散无记忆信道的 N 次扩展信道，其信息率失真函数为

$$R_N(D) = \min_{p(y_j \mid x_i) \in B_{D(N)}} \{ I(X^N; Y^N) \} \tag{2-71}$$

对于离散无记忆平稳信源，可以得到

$$R_N(D) = NR(D) \tag{2-72}$$

研究信息率失真函数是希望在已知信源和允许失真度的条件下，使得信源必须传送给用户的信息量最小。这个问题就是在一定失真度条件下，尽可能用最少的码符号来传送信源消息，使信源消息尽快传送出去，以提高通信的有效性。

（1）离散信源的信息率失真函数

对于基本离散信源来说，求信息率失真函数与求信道容量类似，都是在有约束条件下求平均互信息极值的问题，区别在于不同的约束条件。信道容量是求平均互信息的条件极大值，而信息率失真函数是求平均互信息的条件极小值。

已知信源概率分布函数 $p(x_i)$ 和失真函数 $d(x_i, y_i)$，在满足保真度准则 $\overline{D} \leq D$ 的条件下，一般试验信道 P_D 当中选择 $p(y_j \mid x_i)$，使平均互信息

$$I(X;Y) = \sum_{i=1}^{r} \sum_{j=1}^{s} p(x_i) p(y_j \mid x_i) \log_2 \frac{p(y_j \mid x_i)}{p(y_j)} \tag{2-73}$$

值最小，并且使

$$\sum_{j=1}^{s} p(y_j \mid x_i) = 1 \quad (i = 1, 2, \cdots, r) \tag{2-74}$$

以及

$$R(D) = \sum_{i=1}^{r} \sum_{j=1}^{s} p(x_i) p(y_j \mid x_i) d(x_i, y_i) \tag{2-75}$$

（2）连续信源的信息率失真函数

按照离散信源失真函数、平均失真函数和信息率失真函数的定义，定义连续信源平均失真度为

$$\overline{D}(N) = E[d(x,y)]$$
$$= \int \int_{-\infty}^{+\infty} p(x) p(y \mid x) d(x,y) \, dx dy \tag{2-76}$$

式中，$d(x, y)$ 为连续信源失真函数，$p(x)$ 为连续信源 X 的概率密度，$p(y \mid x)$ 为信道传递概率密度。

平均互信息为

$$I(x,y) = \int \int_{-\infty}^{+\infty} p(x) p(y \mid x) \log_2 p(y \mid x) \, dx dy - \int_{-\infty}^{+\infty} p(y) \log_2 p(y) \, dy \tag{2-77}$$

式中

$$p(y) = \int_{-\infty}^{+\infty} p(x) p(y \mid x) \, dx \tag{2-78}$$

并且

$$\int_{-\infty}^{+\infty} p(x)\,\mathrm{d}x = 1, \int_{-\infty}^{+\infty} p(y)\,\mathrm{d}y = 1, \int_{-\infty}^{+\infty} p(y\,|\,x)\,\mathrm{d}y = 1 \tag{2-79}$$

定义 B_D 是满足保真度准则 $\overline{D} \leqslant D$ 的所有广义无扰信道集合，那么连续信源信息率失真函数为

$$R(D) = \mathop{\mathrm{Inf}}_{p(y\,|\,x)\in B_D} \{I(X;Y)\} \tag{2-80}$$

式中，Inf 指下确界，相当于离散信源中求极小值，连续集合中可能不存在极小值，但是一定存在下确界。所谓下确界，是在"下界"的基础上定义的，指的是任一数集 E，我们称 E 的最大下界为 E 的下确界。

2.4.2　限失真信源编码定理

设离散无记忆信源的输出变量序列为 $X = (X_1 X_2 \cdots X_L)$，该信源失真函数为 $R(D)$，并选定有限失真函数，对于任意允许平均失真度 $D \geqslant 0$，和任意小的 $\varepsilon > 0$，当信息率

$$R > R(D)$$

只要信源序列长度 L 足够长，一定存在一种编码方法 C，使其译码后的平均失真小于或等于 $D + \varepsilon$，即

$$\overline{D} \leqslant D + \varepsilon \tag{2-81}$$

反之，若

$$R < R(D)$$

则无论采用什么样的编码方法，其平均译码失真必大于 D，即

$$\overline{D} \geqslant D \tag{2-82}$$

这就是**限失真信源编码定理**，又称为保真度准则下的离散信源编码定理。该定理可以推广到连续平稳无记忆信源的情况，证明略。

可以看出，信息率失真函数 $R(D)$ 是在允许失真度为 D 的情况下信源信息压缩的下限。当信源给定后，无失真信源压缩的极限值是信源熵 $H(S)$；而限失真信源压缩极限值是信息率失真函数 $R(D)$。

2.5　信道模型和信道容量

信道是信息系统的重要组成部分，它的主要任务是信号的方式传输和存储信息，研究信道就是研究信道中能够传送或者存储的最大信息量，也就是信道容量。信源发出的消息必须首先转换为能在信道传输的信号，然后经过信道的传输后才能被信宿接收。信宿从接

收到的信号中得到消息，并获取信息。如果信道是无噪信道，则信宿能够完整无误地收到信源发出的消息，获取信源发出的全部信息量。一般来说信源与信宿之间总会有噪声干扰，也就是说信道是有噪信道，信号通过信道传输会产生错误和失真。因此讨论信源与信宿之间的信息传输问题，势必讨论信道的问题。信道的输入和输出信号之间一般不是确定的函数关系，而是统计依赖的关系。只要掌握信道的输入、输出信号，以及它们之间的统计依赖关系，就可以确定信道的全部特性。

2.5.1　信道的数学模型和分类

通信系统中，物理信道种类较多，例如微波信道、磁信道、光信道等。这里只从信息论的角度来看，即不研究信号在信道传输的物理过程和规律，只考虑信息的传输和存储问题。

一般信道的数学模型如图 2-4 所示。图中 X 表示信道的输入消息集合，也叫作信道的输入空间，Y 表示新的输出消息集合，又叫作信道的输出空间。集合 $\{P(Y|X)\}$ 是描述信道特征的传输概率集合。这个数学模型也可以用数学符号表示为 $\{X \quad P(Y|X) \quad Y\}$。

图 2-4　一般信道的数学模型

假定信道的传输特性已知，将信道用其输入和输出的统计关系模型来描述，并按其输入输出信号的数学特点以及它们之间关系的数学特点进行分类。信道的分类方法有以下几种。

（1）根据信道输入输出信号的统计特性，可分为：

1）离散信道。输入和输出的随机序列的取值都是离散的信道。

2）连续信道。输入和输出的随机序列的取值都是连续的信道。

3）半离散或半连续信道。输入序列取值是离散型但输出序列取值是连续的信道。

4）波形信道。信道的输入和输出都是一些时间上连续的随机信号。即信道输入输出的随机变量取值都是连续的并随时间连续变化。

（2）根据信道输入输出之间关系的记忆性来划分，可分为：

1）无记忆信道。如果信道的输出只与信道该时刻的输入有关而与其他时刻的输入无关，则称此信道是无记忆的。

2）有记忆信道。如果信道的输出不仅与信道现在时刻的输入有关，还与以前时刻的输入有关，则称此信道为有记忆的，实际信道一般都是有记忆的。信道中的记忆现象来源于物理信道中的惯性元件，如电缆信道中的电感电容、无线信道中电波传输的衰落现象等。

（3）根据信道输入输出信号之间的关系是否为确定关系来划分，可分为：

1）有噪声信道。一般来讲，信道输入与输出之间的关系是一种统计依存关系，而不是确定关系。这是因为信道中总存在某种程度的噪声。

2）无噪声信道。在某些情况下，若信道中的噪声与有用信号相比很小，可以忽略不计，则这时的信道可以理想化为具有确定关系的无噪声信道。

（4）根据信道用户的多少，可以分为：

1）两端（单用户）信道。只有一个输入端和一个输出端的单项通信信道。

2）多端（多用户）信道。在输入端和输出端至少有一端具有两个以上的用户，并可以双向通信的信道。

接下来以最简单的离散单符号信道为例来介绍。

所谓**离散单符号信道**，就是信道的输入、输出都取之于离散符号集，并且都用一个随机变量来表示的信道。

设离散单符号信道的输入随机变量为 X，取值为 x_i，$i = 1, 2, \cdots, r$，输出随机变量为 Y，取值为 y_j，$j = 1, 2, \cdots, s$。由于信道中有干扰，输入在传输中有可能产生错误，以传递概率 $p(y_j|x_i)$ 来描述这种干扰：

$$p(y_j|x_i) = P(Y = y_j|X = x_i) \quad i = 1,2,\cdots,r; j = 1,2,\cdots,s$$

信道矩阵为信道传递概率矩阵，如下所示：

$$\boldsymbol{P} = \begin{pmatrix} x_1 \\ x_2 \\ \vdots \\ x_r \end{pmatrix} \begin{pmatrix} p(y_1|x_1) & p(y_2|x_1) & \cdots & p(y_s|x_1) \\ p(y_1|x_2) & p(y_2|x_2) & \cdots & p(y_s|x_2) \\ \vdots & \vdots & & \vdots \\ p(y_1|x_r) & p(y_2|x_r) & \cdots & p(y_s|x_r) \end{pmatrix} \begin{matrix} y_1 & y_2 & \cdots & y_s \end{matrix}$$

简写为：

$$\boldsymbol{P} = \begin{pmatrix} p_{11} & p_{12} & \cdots & p_{1s} \\ p_{21} & p_{22} & \cdots & p_{2s} \\ \vdots & \vdots & & \vdots \\ p_{r1} & p_{r2} & \cdots & p_{rs} \end{pmatrix}$$

传递概率满足 $p_{ij} \geq 0$，$\sum_{j=1}^{s} p_{ij} = 1$，$i = 1, 2, \cdots, r$，也就是每个元素都为非负值，每行元素和为 1。

最常见的信道就是当 $r = s = 2$ 时，此时为**二元对称信道**，$X = \{0, 1\}$，$Y = \{0, 1\}$。信道传递概率为

$$p(y_1|x_1) = p(0|0) = 1 - p = \bar{p}$$
$$p(y_2|x_1) = p(1|0) = p$$

$$p(y_2 \mid x_2) = p(1 \mid 1) = 1 - p = \bar{p}$$

$$p(y_1 \mid x_2) = p(0 \mid 1) = p$$

其中，p 为单个符号传输发生错误的概率，$\bar{p}$ 为单个符号无错误传输的概率。因此二元对称信道的信道矩阵为

$$\boldsymbol{P} = \begin{pmatrix} \bar{p} & p \\ p & \bar{p} \end{pmatrix}$$

其满足行元素和为 1。其示意图如图 2-5 所示。

图 2-5　二元对称信道

2.5.2　信道容量

1. 什么是信道容量

如果信源熵为 $H(X)$，理想情况下，在信道的输出端收到的信息量就是 $H(X)$。由于有信道干扰，在输出端只能收到 $I(X;Y)$，它代表平均意义上每传送一个符号流经信道的平均信息量。研究信道的主要目的就是确定信道中平均每个符号所能传送的信息量，也就是**信息传送率**（信息率），如下式所示。

$$R = I(X;Y)$$

$$= H(X) - H(X \mid Y) \quad （比特/符号） \tag{2-83}$$

如果用单位时间内（t 秒钟）信道的平均传输信息量来统计，可以得出下式，称之为**信息传输速率**。

$$R_t = \frac{1}{t} I(X;Y) \quad （比特/秒） \tag{2-84}$$

$I(X;Y)$ 是输入随机变量 X 的概率分布 $P(x)$ 的上凸型（$\cap$）函数。对于一个固定信道，总能找到一个概率分布（某一种信源），使信道所能传送的信息传送率（信息率）最大。那么定义这个最大的信息传送率（信息率）为信道容量 C，如下式所示。

$$C = \max_{P(x)} \{ I(X;Y) \} \quad （比特/秒） \tag{2-85}$$

同样，如果用单位时间内（t 秒钟）信道的最大传输信息量来统计，可以用下式来表示。

$$C_t = \frac{1}{t} \max_{P(x)} \{ I(X;Y) \} \quad （比特/秒） \tag{2-86}$$

信道容量与输入信源的概率分布无关，它只是信道传输概率的函数，只与信道的统计特性有关，因此，信道容量是描述信道特性的参量，是信道能够传送的最大信息量。

【例 2-7】 输入概率分布 $\begin{pmatrix} X \\ P(X) \end{pmatrix} = \begin{pmatrix} 0 & 1 \\ \omega & \overline{\omega} \end{pmatrix}$，信道矩阵为 $\boldsymbol{P} = \begin{pmatrix} \overline{p} & p \\ p & \overline{p} \end{pmatrix}$，$p$ 为信道错误传递概率，求二元对称信道的信道容量。

【解】 二元对称信道的平均互信息为

$$I(X; Y) = H(Y) - H(Y|X)$$
$$= H(\omega \overline{p} + \overline{\omega}p) - H(p)$$

固定信道时，p 为固定常数，$I(X; Y)$ 为输入概率分布的上凸函数，因此存在一个关于 ω 的极大值，当 $\omega = \overline{\omega} = \dfrac{1}{2}$ 时，$H(\omega \overline{p} + \overline{\omega}p) = H\left(\dfrac{1}{2}\right) = 1$，因此二元对称信道的信道容量为 $C = 1 - H(p)$ 比特/符号。

可以看出，信道容量仅为信道传递概率的函数，与输入随机变量的概率无关。不同的二元对称信道，传递概率不同，信道容量也不相同。

2. 离散信道容量的一般计算方法

前面分析过，对于一般离散信道，信道容量就是对所有输入概率分布求平均互信息的极大值，并且这个极大值 $I(X; Y)$ 一定存在。一般计算步骤总结如下（证明过程略）：

1) 由 $\displaystyle\sum_{j=1}^{s} p(y_j|x_i)\beta_j = \sum_{j=1}^{s} p(y_j|x_i)\log_2 p(y_j|x_i)$，求 β_j。

2) 由 $C = \log_2\left(\displaystyle\sum_{j=1}^{s} 2^{\beta_j}\right)$，求 C。

3) 由 $p(y_j) = 2^{\beta_j - C}$，求 $p(y_j)$。

4) 由 $p(y_j) = \displaystyle\sum_{i=1}^{r} p(x_i)p(y_j|x_i)$，求 $p(x_i)$。

虽然在第 2 步中信道容量已经求出，但是计算并没有结束，需要解出 $p(x_i)$，并确认所有的 $p(x_i)$（$i = 1, 2, \cdots, r$）都大于或等于零时，所求得的信道容量才存在。

【例 2-8】 设离散无记忆信道输入 X 的符号集为 $\{x_1, x_2, x_3, x_4\}$，输出 Y 的符号集为 $\{y_1, y_2, y_3, y_4\}$，信道传递矩阵如下，求信道容量。

$$\boldsymbol{P} = \begin{pmatrix} \dfrac{1}{2} & \dfrac{1}{4} & 0 & \dfrac{1}{4} \\ 0 & 1 & 0 & 0 \\ 0 & 0 & 1 & 0 \\ \dfrac{1}{4} & 0 & \dfrac{1}{4} & \dfrac{1}{2} \end{pmatrix}$$

【解】 按照计算步骤可得：

1) 求解

$$\begin{cases} \dfrac{1}{2}\beta_1 + \dfrac{1}{4}\beta_2 + \dfrac{1}{4}\beta_4 = \dfrac{1}{2}\log_2 \dfrac{1}{2} + \dfrac{1}{4}\log_2 \dfrac{1}{2} + \dfrac{1}{4}\log_2 \dfrac{1}{4} \\[2mm] \beta_2 = 0 \\[2mm] \beta_3 = 0 \\[2mm] \dfrac{1}{4}\beta_1 + \dfrac{1}{4}\beta_3 + \dfrac{1}{2}\beta_4 = \dfrac{1}{4}\log_2 \dfrac{1}{4} + \dfrac{1}{4}\log_2 \dfrac{1}{4} + \dfrac{1}{2}\log_2 \dfrac{1}{2} \end{cases}$$

得到

$$\beta_1 = \beta_4 = -2$$
$$\beta_2 = \beta_3 = 0$$

2）求信道容量

$$C = \log_2(2^{-2} + 2^0 + 2^0 + 2^{-2})$$
$$= \log_2 5 - 1 \text{（比特/符号）}$$

3）求

$$p(y_1) = p(y_4) = 2^{(-2 - \log_2 5 + 1)} = \dfrac{1}{10}$$

$$p(y_2) = p(y_3) = \dfrac{4}{10}$$

4）求

$$p(x_1) = p(x_4) = \dfrac{4}{30}$$

$$p(x_2) = p(x_3) = \dfrac{11}{30}$$

得出 $p(x_i)$ （$i = 1, 2, 3, 4$）都大于零，故所得信道容量正确。

3. 几种典型的信道容量

（1）无噪无损信道（无噪——对应信道）

离散无噪无损信道的输入和输出有一一对应关系，信道传递概率为

$$p(y \mid x) = \begin{cases} 1 & y = f(x) \\ 0 & y \neq f(x) \end{cases} \qquad (2\text{-}87)$$

如图 2-6 所示，输入 X 和输出 Y 一一对应。

在这种信道中，信道的损失熵和噪声熵都等于零，因此其平均互信息为

$$I(X; Y) = H(X) = H(Y) \qquad (2\text{-}88)$$

图 2-6　无噪无损信道

这表示接收到符号 Y 之后，平均获得的信息量就是信源发出信息的平均信息量，没有信息损失，因此这种输入输出一一对应的信道称为无噪无损信道。

其信道容量为

$$C = \max_{P(x)}\{I(X;Y)\}$$
$$= \max_{P(x)}\{H(X)\}$$
$$= \log_2 r \quad (比特/符号) \tag{2-89}$$

其中，信道输入 x 的符号共有 r 个。

（2）有噪无损信道

该信道表示一个输入 X 对应多个输出 Y，并且每个 X 值所对应的 Y 值不重合，如图 2-7 所示。

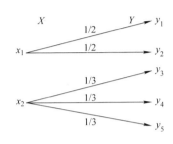

上图中，y_1 和 y_2 组成 Y_1 集合，y_3，y_4 和 y_5 组成 Y_2 集合，x_1 和 Y_1 一一对应，x_2 和 Y_2 一一对应，其对应概率同样为1。所以该信道的损失熵仍然为零，但是噪声熵不为零。

图 2-7　有噪无损信道

这类信道的平均互信息为

$$I(X;Y) = H(X) < H(Y) \tag{2-90}$$

由于其为无损信道，信息传输率 R 就是输入信源 X 输出的信源熵 $H(X)$，因此信道容量为

$$C = \max_{P(x)}\{H(X)\}$$
$$= \log_2 r \quad (比特／符号) \tag{2-91}$$

其中，信道输入 X 的符号共有 r 个，等概率分布时信源熵最大。

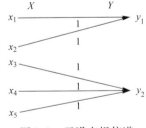

（3）无噪有损信道

这种信道输出 Y 是输入 X 的确定函数，X 到 Y 属于多对一关系。如图 2-8 所示。

图 2-8　无噪有损信道

这类信道噪声熵为零，但是信道损失熵不等于零。也就是说接收端收到信息后不能完全消除输入的不确定性，即信息有损，输出端的平均不确定性因噪声熵等于零而没有增加，因此无噪有损信道又称为确定信道。其平均互信息为

$$I(X;Y) = H(Y) < H(X) \tag{2-92}$$

信道容量为

$$C = \max_{P(x)}\{H(Y)\}$$
$$= \log_2 s \quad (比特/符号) \tag{2-93}$$

其中，信道输出 Y 的符号集共有 s 个，等概率分布时 $H(Y)$ 最大。

（4）离散对称信道

在离散信道中有一类特殊的信道，这种信道具有行对称性，利用该特性简化信道容量的计算。定义如下。

1）如果信道矩阵中每行元素都是第一行元素的不同排列组合，那么这类信道称为**行对称信道**。

示例如下：

$$P = \begin{pmatrix} \dfrac{1}{2} & \dfrac{1}{4} & \dfrac{1}{2} & \dfrac{1}{4} \\[2mm] \dfrac{1}{2} & \dfrac{1}{2} & \dfrac{1}{4} & \dfrac{1}{4} \\[2mm] \dfrac{1}{4} & \dfrac{1}{4} & \dfrac{1}{2} & \dfrac{1}{2} \\[2mm] \dfrac{1}{4} & \dfrac{1}{2} & \dfrac{1}{4} & \dfrac{1}{2} \end{pmatrix}$$

2）如果信道矩阵中每行元素都是第一行元素的不同排列组合，并且每一列都是第一列元素的不同排列组合，那么这类信道称为**对称信道**。

示例如下：

$$P = \begin{pmatrix} \dfrac{1}{1} & \dfrac{1}{2} & \dfrac{1}{3} & \dfrac{1}{4} \\[2mm] \dfrac{1}{2} & \dfrac{1}{1} & \dfrac{1}{4} & \dfrac{1}{3} \\[2mm] \dfrac{1}{3} & \dfrac{1}{4} & \dfrac{1}{2} & \dfrac{1}{1} \\[2mm] \dfrac{1}{4} & \dfrac{1}{3} & \dfrac{1}{1} & \dfrac{1}{2} \end{pmatrix}$$

3）如果信道矩阵中每行元素都是第一行元素的不同排列组合，每列并不都是第一列元素的不同排列组合，但可以按照信道矩阵的列将信道矩阵划分为若干对称的子矩阵，那么这类信道称为**准对称信道**。示例如下。

信道矩阵

$$P = \begin{pmatrix} 0.6 & 0.3 & 0.2 \\ 0.2 & 0.3 & 0.6 \end{pmatrix}$$

可以划分为两个对称的子矩阵

$$P_1 = \begin{pmatrix} 0.6 & 0.2 \\ 0.2 & 0.6 \end{pmatrix}, \ P_2 = \begin{pmatrix} 0.3 \\ 0.3 \end{pmatrix}$$

因此它是准对称信道。

4）如果对称信道中输入符号和输出符号个数相同，并且信道中总的错误概率为 p，平均分配给 $r-1$ 个输出符号，r 为输入输出符号的个数，那么信道矩阵为

$$P = \begin{pmatrix} \bar{p} & \dfrac{p}{r-1} & \dfrac{p}{r-1} & \cdots & \dfrac{p}{r-1} \\ \dfrac{p}{r-1} & \bar{p} & \dfrac{p}{r-1} & \cdots & \dfrac{p}{r-1} \\ \vdots & \vdots & \vdots & & \vdots \\ \dfrac{p}{r-1} & \dfrac{p}{r-1} & \dfrac{p}{r-1} & \cdots & \bar{p} \end{pmatrix}$$

称该信道为**强对称信道**或**均匀信道**。

二元对称信道就是 $r=2$ 的均匀信道。一般信道的信道矩阵中各行之和为 1，各列之和不一定等于 1，但是均匀信道中各列之和等于 1。

我们可以得出如下**定理**（证明略）：

（1）对称信道中，当输入分布为等概率分布时，输出分布必能达到等概率分布。

（2）若一个离散对称信道具有 r 个输入符号，s 个输出符号，那么当输入为等概率分布时达到信道容量，并且

$$C = \log_2 s - H(p'_1, p'_2, \cdots, p'_s) \tag{2-94}$$

其中，p'_1，p'_2，$\cdots$，p'_s 为信道矩阵中的任意一行元素。

还可以得出如下**推论**：

均匀信道的信道容量为

$$C = \log_2 r - p\log_2(r-1) - H(p) \tag{2-95}$$

简单证明如下：

均匀信道中输入输出符号数均相等，即 $r=s$，因此

$$\begin{aligned} C &= \log_2 r - H(p'_1, p'_2, \cdots, p'_s) \\ &= \log_2 r - H\left(\bar{p}, \frac{p}{r-1}, \cdots, \frac{p}{r-1}\right) \\ &= \log_2 r + \bar{p}\log_2\bar{p} + p\log_2\frac{p}{r-1} \\ &= \log_2 r - p\log_2(r-1) + \bar{p}\log_2\bar{p} + p\log_2 p \\ &= \log_2 r - p\log_2(r-1) - H(p) \end{aligned}$$

其中，p 是总的错误传递概率，$\bar{p}$ 是正确传递概率。

可以得到，输入为等概率分布时，输出也是等概率分布，信道达到信道容量。

若 $r=2$，该均匀信道为**二元对称信道**。其信道容量为

$$C = 1 - H(p) \tag{2-96}$$

【例 2-9】 设某离散对称信道的信道矩阵为

$$P = \begin{pmatrix} \dfrac{1}{2} & \dfrac{1}{4} & \dfrac{1}{8} \\[2mm] \dfrac{1}{8} & \dfrac{1}{2} & \dfrac{1}{4} \\[2mm] \dfrac{1}{4} & \dfrac{1}{8} & \dfrac{1}{2} \end{pmatrix}$$

求其信道容量。

【解】 由于该信道为对称信道，故

$$\begin{aligned} C &= \log_2 s - H(p'_1, p'_2, \cdots, p'_s) \\ &= \log_2 3 - H\left(\frac{1}{2}, \frac{1}{4}, \frac{1}{8}\right) \\ &= \log_2 3 + \frac{1}{2}\log_2 \frac{1}{2} + \frac{1}{4}\log_2 \frac{1}{4} + \frac{1}{8}\log_2 \frac{1}{8} \\ &= 0.063\,(\text{比特/符号}) \end{aligned}$$

2.6 有噪信道编码定理

前面分析过，对于无噪无损信道，只要对信源输出进行合适编码，总能保证以最大信息传输率进行无差错传输。对于更为普遍的有噪信道来讲，如何使得信息的传输错误最少？有噪信道中无错传输的最大信息传输率又是多少？香农第二定理（有噪信道编码定理）给出了相关解释。

2.6.1 错误概率与译码规则

在有噪信道中信息的传递会发生错误，我们要分析错误发生的概率与什么有关系，如何将错误控制在最低程度。前面介绍过，信道的统计特性由信道的传递矩阵来描述，信道的输入输出对应关系确定后，信道矩阵的传递概率（包括正确的和错误的）也就确定了。

例如二元对称信道，单个符号的错误传递概率是 p，正确传递概率就是 $1-p$。如图 2-9 所示。

通信过程并不结束于信道输出，还需要进行译码才能最终到达接收端，因此译码规则对于系统的出错概率影响也很大。例如上图中，发送 "0" 接收也为 "0"，发送 "1" 接收也为 1，我们认为是正确译码，那么按照上图所示，不论 "1" 还是 "0"，译码正确的

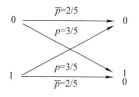

图 2-9 二元对称信道

成功率为 2/5，译码错误的概率为 3/5。按照这个译码规则，平均错误概率 P_E 为：

$$P_E = P(0) \times P_e^{(0)} + P(1) \times P_e^{(1)}$$

$$= \frac{1}{2} \times \frac{3}{5} + \frac{1}{2} \times \frac{3}{5}$$

$$= \frac{3}{5}$$

上式中，假定输入端为等概率分布。如果更改译码规则，将输出端收到的"1"译为"0"，接收到的"0"译为"1"，那么错误概率就变为 2/5，正确概率为 3/5，因此错误概率与译码规则有关。

为了选择合适的译码规则，需要首先计算平均错误概率。假定译码规则为 $F(y_j) = x_i$，就是说输出端收到 y_j 就译为 x_i，如果发送端发送的就是 x_i，就是正确译码，如果不是 x_i 就是错误译码，那么该条件下的条件正确概率为

$$P\left[F(y_j) \mid x_i\right] = P(y_j \mid x_i) \tag{2-97}$$

令 $P(e \mid y_j)$ 为**条件错误概率**，e 表示除了 $F(y_j) = x_i$ 以外所有输入符号集合。那么条件错误概率与条件正确概率之间关系为

$$P(e \mid y_j) = 1 - P(x_i \mid y_j)$$

$$= 1 - P\left[F(y_j) \mid y_j\right] \tag{2-98}$$

经过译码后平均错误概率 P_E 是条件错误概率 $P(e \mid y_j)$ 对空间 Y 取平均值，即

$$P_E = E\left[P(e \mid y_j)\right]$$

$$= \sum_{j=1}^{s} P(y_j) P(e \mid y_j) \tag{2-99}$$

上式表示经过译码后平均接收到一个符号所产生的错误大小，称为**平均错误概率**。

要想使 P_E 最小，可以选择译码规则使得计算公式右边非负项之和的每一项都为最小，由于 $P(y_j)$ 与译码规则无关，因此只需设计译码规则 $F(y_j) = x_i$，使条件错误概率 $P(e \mid y_j)$ 最小，从而按照公式可以得出，需要使 $P\left[F(y_j) \mid y_j\right]$ 为最大。因此选择译码函数

$$F(y_j) = x^*, x^* \in X, y_j \in Y \tag{2-100}$$

使其满足条件

$$P(x^* \mid y_j) \geqslant P(x_i \mid y_j), x_i \in X, x_i \neq x^* \tag{2-101}$$

即采用这种译码函数，对于每个输出符号均译为具有最大后验概率的那个输入符号，这样错误概率就最小，这种译码规则称为**最大后验概率准则**或**最小错误概率准则**。

2.6.2 有噪信道编码定理

有噪信道编码定理又称为香农第二定理，这里仅给出该定理的内容和基本思路，证明

过程从略。

有噪信道编码定理：设离散无记忆信道$[X, P(y|x), Y]$，$P(y|x)$是信道传递概率，信道容量为C。当信息传输率$R < C$时，总可以找到一种编码，当码长n足够长时，译码平均错误概率任意小，即$P_E < \varepsilon$，ε为任意大于零的正数。反之，当$R > C$时，任何编码的P_E必大于零。

有噪信道编码定理的基本思路如下。

（1）连续使用信道多次，即在n次无记忆扩展信道中讨论，以便使大数定律有效。

（2）随机选取码字，也就是在X^n和符号序列集中随机地选取经常出现的高概率序列作为码字。

（3）采用最大似然译码准则，也就是将接收序列译成与其距离最近的那个码字。

（4）在随机编码的基础上，对所有的码字计算其平均错误概率，当n足够大时，此平均错误概率趋于零，因此证明至少有一种好的编码存在。

与无失真信源编码定理类似，有噪信道编码定理也是一个理想编码的存在性定理，它指出信道容量是一个临界值，只要信息传输率不超过这个临界值，信道就可以做到几乎无失真地把信息传送过去，否则就会产生失真。对于连续信道，也有类似的结论。

2.7　习题

2-1　假设有一副扑克牌（52 张）完全打乱顺序，请问：

（1）任意一种特定排列所带来的信息量是多少？

（2）假如从中抽出 13 张牌，所给出的点数都不同，这种情况下能够获得多少信息量？

2-2　同时扔一对正常骰子，每个面朝上的概率都是 1/6，求：

（1）"3 和 6 同时出现"这件事的自信息量。

（2）"两个 5 同时出现"这件事的自信息量。

（3）两个点数的各种组合的熵或平均信息量。

（4）两个点数之和（即 2，3 一直到 12 构成的子集）的熵。

（5）两个点数中至少有一个是 1 的自信息量。

2-3　请问：四进制、八进制脉冲所含信息量是二进制脉冲的多少倍？

2-4　设离散无记忆信源$\begin{pmatrix} X \\ P(x) \end{pmatrix} = \begin{pmatrix} x_1 = 1 & x_2 = 2 & x_3 = 3 & x_4 = 4 \\ 3/8 & 1/4 & 1/4 & 1/8 \end{pmatrix}$，其发出的消息为

（202120130213001203210100210320112223210），求：

（1）此消息的自信息量是多少？

（2）在此信息中平均每个符号携带的信息量是多少？

2-5 某一无记忆信源的符号集为 $\{0,1\}$，已知 $P(0) = \dfrac{1}{4}$，$P(1) = \dfrac{3}{4}$。求：

（1）符号的平均熵；

（2）在此信息中平均每个符号携带的信息量是多少？

2-6 已知信源空间 $[X \quad P]$：$\begin{pmatrix} x_1 & x_2 \\ 0.5 & 0.5 \end{pmatrix}$，信道特性如下图所示，求在该信道上传输的平均互信息量。

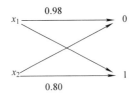

2-7 已知信源发出 a_1 和 a_2 两种消息，且 $p(a_1) = p(a_2) = \dfrac{1}{2}$。此消息在二进制对称信道上传输，信道传输特性为 $p(b_1 | a_1) = p(b_2 | a_2) = 1 - \varepsilon$，$p(b_1 | a_2) = p(b_2 | a_1) = \varepsilon$。求互信息量 $I(a_1 ; b_1)$ 和 $I(a_1 ; b_2)$。

2-8 判断题：

（1）$H(X) > 0$。

（2）若 X 与 Y 独立，则 $H(X) = H(X|Y)$。

（3）若 X 与 Y 独立，则 $H(Y|X) = H(X|Y)$。

（4）如果 $H(X|YZ) = 0$，则要么 $H(X|Y) = 0$，要么 $H(X|Z) = 0$。

（5）$I(X ; Y) \geqslant I(X ; Y|Z)$。

（6）$H(X|X) = 0$。

（7）$I(X ; Y) \leqslant H(Y)$。

（8）$H(X|Y) \geqslant H(X|YZ)$。

2-9 给定 X，Y 的联合概率密度分布如下所示。

Y\X	0	1
0	1/3	1/3
1	0	1/3

求：

（1）$H(X)$，$H(Y)$。

（2）$H(X|Y)$，$H(Y|X)$。

（3）$H(XY)$。

（4）$H(Y) - H(Y|X)$。

（5）$I(X; Y)$。

2-10　设以 8000 样值/秒的速率抽样一语音信号，以 $M = 2^8 = 256$ 级对抽样均匀量化，并设抽样值取各量化值的概率相等，抽样间相互统计独立。求每抽样的信息熵。

2-11　设信源 $X = \{0, 1, 2\}$，对应的概率分布为 $P(0) = P(1) = 0.4$，$P(2) = 0.2$。失真函数为 $d(x_i, y_j) = \begin{cases} 0 & i = j \\ 1 & i \neq j \end{cases}$　$(i, j = 0, 1, 2)$，求此信源的 $R(D)$。

2-12　设输入符号集为 $X = \{0, 1\}$，输出符号集为 $Y = \{0, 1\}$。定义失真函数为

$$d(0, 0) = d(1, 1) = 0$$
$$d(0, 1) = d(1, 0) = 1$$

求失真矩阵 $\boldsymbol{D}$。

2-13　设输入符号集与输出符号集为 $X = Y = \{0, 1, 2, 3\}$，输入信源分布为

$$P(X = i) = \frac{1}{4}, \ i = 1, 2, 3$$

设失真矩阵为 $\boldsymbol{D} = \begin{pmatrix} 0 & 1 & 1 & 1 \\ 1 & 0 & 1 & 1 \\ 1 & 1 & 0 & 1 \\ 1 & 1 & 1 & 0 \end{pmatrix}$

求 $D_{\min}$、$D_{\max}$ 和率失真函数 $R(D)$。

2-14　设二进制信源为 $\begin{pmatrix} X \\ P \end{pmatrix} = \begin{pmatrix} 0 & 1 \\ \dfrac{1}{2} & \dfrac{1}{2} \end{pmatrix}$，失真函数矩阵为 $\boldsymbol{D} = \begin{pmatrix} 0 & a \\ a & 0 \end{pmatrix}$，求这个信源的 $D_{\min}$、$D_{\max}$ 和率失真函数 $R(D)$。

2-15　计算下述信道的信道容量。

（1）$\boldsymbol{P}_1 = \begin{pmatrix} \dfrac{1}{4} & \dfrac{1}{4} & \dfrac{1}{4} & \dfrac{1}{4} \\ 0 & 1 & 0 & 0 \\ 0 & 0 & 1 & 0 \\ \dfrac{1}{2} & 0 & 0 & \dfrac{1}{2} \end{pmatrix}$

$$(2) \quad \boldsymbol{P}_2 = \begin{pmatrix} 1 & 0 & 0 \\ 1 & 0 & 0 \\ 0 & 1 & 0 \\ 0 & 1 & 0 \\ 0 & 0 & 1 \\ 0 & 0 & 1 \end{pmatrix}$$

$$(3) \quad \boldsymbol{P}_3 = \begin{pmatrix} 0 & 0 & 1 & 0 \\ 1 & 0 & 0 & 0 \\ 0 & 0 & 0 & 1 \\ 0 & 1 & 0 & 0 \end{pmatrix}$$

2-16 二元删除信道有两个输入：0、1，三个输出：0、1、E，E 表示可检出但无法纠正的错误。信道前向转移概率为

$$p(0 \,|\, 0) = 1 - \alpha \qquad p(0 \,|\, 1) = 0$$
$$p(1 \,|\, 0) = 0 \qquad\qquad p(1 \,|\, 1) = 1 - \alpha$$
$$p(E \,|\, 0) = \alpha \qquad\qquad p(E \,|\, 1) = \alpha$$

求信道容量 C。

2-17 在有扰离散信道上传输符号 1 和 0，在传输过程中，每 100 个符号中发生一个错误的符号，已知 $P(0) = P(1) = \dfrac{1}{2}$，信道每秒内允许传输 1000 个符号，求此信道的信道容量。

2-18 设有离散无记忆信源

$$\begin{pmatrix} S \\ P \end{pmatrix} = \begin{pmatrix} s_1 & s_2 & s_3 & s_4 & s_5 & s_6 & s_7 & s_8 \\ 0.4 & 0.18 & 0.10 & 0.10 & 0.07 & 0.06 & 0.05 & 0.04 \end{pmatrix}$$

如果对信源符号采用定长二元编码，要求编码效率 $\eta = 90\%$，允许错误概率 $\delta \leqslant 10^{-6}$，求所需信源序列长度 N。

2-19 设有一离散无记忆信道，其信道矩阵为

$$P = \begin{pmatrix} 1/2 & 1/3 & 1/6 \\ 1/6 & 1/2 & 1/3 \\ 1/3 & 1/6 & 1/2 \end{pmatrix}$$

如果 $P(x_1) = \dfrac{1}{2}$，$P(x_2) = P(x_3) = \dfrac{1}{4}$，求最佳译码时的平均错误概率。

2-20 考虑一个码长为 4 的二元码，其码字为 $W_1 = 0000$，$W_2 = 0011$，$W_3 = 1100$，$W_4 = 1111$。假设码字送入一个二元对称信道（其单符号的错误概率小于 0.01），而码字输入不是等概率的，其概率为 $P(W_1) = \dfrac{1}{2}$，$P(W_2) = \dfrac{1}{8}$，$P(W_3) = \dfrac{1}{8}$，$P(W_4) = \dfrac{1}{4}$，请找出一种译

码规则使平均错误概率最小。

2-21 一个饭店只提供馒头和包子，当顾客点菜时只需说"M"或者"B"就表示所需要的是馒头或者包子。厨师有 8% 的概率会听错。顾客点馒头的概率为 90%，点包子的概率为 10%。请问：

（1）这个信道的信道容量？

（2）每次顾客点菜时提供多少信息？

（3）这个信道可否正确传递顾客点餐信息？

第 3 章　信　源　编　码

　　由于信源符号的相关性以及其分布的不均匀性，使得信源存在冗余度。信源编码的主要目的就是减少其冗余度，从而提高编码效率。具体说，就是针对信源输出符号序列的统计特性，寻找一定的方法把信源输出符号序列变换为最短的码字序列。信源编码的基本原则有两个，一是使序列中的各个符号尽可能互相独立，即解除相关性；二是使编码中各个符号出现的概率尽可能相等，即概率均匀化。信源编码的基础是信息论中的两个编码定理：无失真编码定理和限失真编码定理。无失真编码定理是可逆编码的基础。可逆是指当信源符号转换成代码后，可从代码无失真地恢复原信源符号。当已知信源符号的概率特性时，可计算其符号熵 H，H 表示每个信源符号所载有的信息量。编码定理证明了必然存在一种编码方法，使代码的平均长度可无限接近但不能低于符号熵，同时还阐明了达到此目标的途径，就是使概率与码长匹配。无失真编码或可逆编码只适用于离散信源。对于连续信源，编成代码后便不能无失真地恢复原来的连续值，因为后者的取值可以有无限多个。此时只能根据限失真编码定理进行限失真编码。信源编码定理出现后，编码方法就趋于合理化。本章将分别讨论信源无失真编码方法与信源限失真编码方法。

3.1　无失真信源编码

　　无失真的信源编码定理既是存在性定理也是构造性定理，它给出了构造信源编码的原理性方法，使构造出的码的平均码长与信源统计特性匹配。为此，香农、费诺、霍夫曼都按上述思路设计出具体的编码方法，分别称为香农编码、费诺编码和霍夫曼编码，其中霍夫曼编码最好。除此之外，常用的编码方法还有游程编码、算术编码、Lempel – Ziv 算法等。

3.1.1　霍夫曼码

　　1952 年，霍夫曼提出了一种构造最佳码的方法，它是每个信源符号与其码字一一对应的一种编码方法。由它所得的码字是异前置码的变长码，其平均码长最短，是最佳变长码，又称霍夫曼码。

　　通常情况下，将编码符号集中符号数等于 2 的称为二元码，等于 3 的称为三元码……等于 m 的称为 m 元码。其中，二元码是数字通信和计算机系统中最常用的。下面分别讨论

二元霍夫曼码和 m 元霍夫曼码。

1. 二元霍夫曼码

根据信源符号的概率，自底向上地构造码树。二元霍夫曼码编码步骤如下：

1）将 n 元信源 U 的各个符号 u_i 按概率分布 $p(u_i)$ 以递减次序排列起来。

$$p(u_1) \geqslant p(u_2) \geqslant \cdots \geqslant p(u_n)$$

2）将两个概率最小的信源符号合并成一个新符号，新符号的概率值为两个信源符号概率值的和，从而得到只包含 $n-1$ 个符号的新信源，称为 U 信源的缩减信源 U_1。

3）把缩减信源 U_1 的符号仍按概率大小以递减次序排列，然后将其中两个概率最小的符号合并成一个符号，这样又形成了 $n-2$ 个符号的缩减信源 U_2。

4）依此类推，直至信源最后只剩下 1 个信源符号。

5）将每次合并的两个信源符号分别用 0 和 1 码符号表示。

6）从最后一级缩减信源开始，向前返回，就得出各信源符号所对应的码符号序列，进而得到各信源符号对应的码字。

【例 3-1】 设单符号离散无记忆信源如下，要求对信源进行二元霍夫曼编码。

$$\begin{pmatrix} U \\ P(U) \end{pmatrix} = \begin{pmatrix} u_1 & u_2 & u_3 & u_4 & u_5 & u_6 & u_7 \\ 0.20 & 0.19 & 0.18 & 0.17 & 0.15 & 0.10 & 0.01 \end{pmatrix}$$

【解】 按照前文中二元霍夫曼编码的步骤，先把信源符号 u_1，u_2，u_3，u_4，u_5，u_6，u_7 按概率大小，以递减次序，自上而下排成一列，如图 3-1 所示。对处于最下方的概率最小的两个信源符号 u_6 和 u_7，分别赋予 0 和 1 码，再把两者的概率相加得到概率为 0.11 的新信源符号，并和没有变化的 u_1，u_2，u_3，u_4，u_5 构成含有 6 个信源符号的新信源。在新信源中，再把 6 个信源符号按概率大小，以递减次序，自上而下排列，对处于最下方的概率最小的两个信源符号，分别赋予 0 和 1 码，将两者概率相加，再得到新信源。按照此方法，依此类推，便可得到信源 U 的霍夫曼编码，如图 3-1 所示。

图 3-1　例 3-1 霍夫曼编码

信源熵为

$$H(U) = -\sum_{i=1}^{7} p(u_i) \log_2 p(u_i) = 2.61\text{bit}$$

平均码长为

$$\overline{K} = \sum_{i=1}^{7} p(u_i) K_i = 2.72\text{bit}$$

编码效率为

$$\eta = \frac{H(U)}{\overline{K}} = 96\%$$

【例 3-2】 离散无记忆信源

$$\begin{pmatrix} U \\ P(U) \end{pmatrix} = \begin{pmatrix} u_1 & u_2 & u_3 & u_4 & u_5 \\ 0.4 & 0.2 & 0.2 & 0.1 & 0.1 \end{pmatrix}$$

对其进行二元霍夫曼编码。

【解】 按照霍夫曼编码的步骤，将概率最小的两个信源符号合并成新信源符号的时候，如果两者的概率和与其他信源符号概率相等时，可将新的概率放在排列的下方，也可放在上方，对应的两种霍夫曼编码如图 3-2 所示。

图 3-2　例 3-2 的两种霍夫曼编码

对于图 3-2a、b 所示两种方案的霍夫曼编码，对应的霍夫曼树分别如图 3-3a、b 所示，反映出来的两种霍夫曼码的码字在"码树"上的"端点"的不同位置分布，充分体现了两

种霍夫曼码字长度结构的区别。方案 b 中取了长度为
1 的最短码字，也取了码字为 4 的最长码字；而方案
a 中，放弃了长度为 1 的最短码字，同时也放弃了长
度为 4 的最长码字，使其码长平稳地在 2 ~ 3 之间
波动。

图 3-3　例 3-2 对应的霍夫曼树

两种霍夫曼编码的信源熵：

$$H(U) = -\sum_{i=1}^{5} p(u_i) \log_2 p(u_i) = 2.12\text{bit}$$

平均码长：

$$\overline{K} = \sum_{i=1}^{5} p(u_i) K_i = 2.2\text{bit}$$

编码效率：

$$\eta = \frac{H(U)}{\overline{K}} = 96.3\%$$

两种码有相同的平均码长，有相同的编码效率，但每个信源符号的码长却不相同，其
方差也不同。编码质量可用码方差来表示，下面分别计算两种码的方差 σ^2，即

$$\sigma_1^2 = \sum_{i=1}^{5} p(u_i)(K_i - \overline{K})^2 = 0.16(\text{方法 a 方差})$$

$$\sigma_2^2 = \sum_{i=1}^{5} p(u_i)(K_i - \overline{K})^2 = 1.36(\text{方法 b 方差})$$

可见，方法 a 的方差比方法 b 的方差要小很多。方法 a 的具体编码原则是把合并后的
概率总是放在其他相同概率的信源符号之上（或之左）；方法 b 的编码原则是把合并后的概
率放在其他相同概率的信源符号之下（或之右）。从上面的分析可以看出，方法 a 要优于方
法 b。

霍夫曼编码得到的码并不是唯一的。每次对缩减信源两个概率最小的符号分配"0"和
"1"码元是任意的，所以可得到不同的码字。但它们只是码字具体结构不同，而其码长不
变，平均码长也不变，因此没有本质区别。另外，当缩减信源中缩减合并后的符号的概率
与其他信源符号概率相同时，从编码方法来说，对等概率的符号哪个放在上面、哪个放在
下面是没有区别的，但得到的码是不同的。对这两种不同的码，它们的码长各不同，然而
平均码长是相同的。在编码中，对于等概率消息，若将新合并的消息排列到上支路，可以
证明它将缩短码长的方差，即编出的码更接近等长码；同时可使合并的元素重复编码次数
减少，使短码得到充分利用。

霍夫曼编码是用概率匹配方法进行信源编码。它有两个明显特点：一是霍夫曼码的编

码方法保证了概率大的符号对应短码，概率小的符号对应长码，充分利用了短码；二是缩减信源的最后两个码字总是最后一位不同，从而保证了霍夫曼码是即时码。

霍夫曼变长码的效率是相当高的，它可以用于单个信源符号编码或 L 较小的信源序列编码，编码器的设计也简单得多。但是应当注意，要达到很高的效率仍然需要按长序列来计算，这样才能使平均码字长度降低。然而就某个具体的信源符号而言，有时可能还会比定长码长。例如在上面的例子中，信源符号有 5 个，采用定长码方式可用 3 个二进制符号组成码字。而用变长码时，有的码字却长达 4 个二进制符号。所以编码简单化的代价是要有大量的存储设备来缓冲码字长度的差异，这也是码方差小的码质量好的原因。

2. m 元霍夫曼码

前面讨论的二元霍夫曼码的编码方法可以推广到 m 元编码中，不同的只是每次把概率最小的 m 个符号合并成一个新的信源符号，并分别用 0，1，…，$m-1$ 等码元来表示。

为了使短码得到充分利用，使平均码长最短，必须使最后一步的缩减信源有 m 个信源符号。因此，对于 m 元编码，信源 U 的符号个数 n 必须满足

$$n = (m-1) \times Q + m \tag{3-1}$$

式中，m 是进制数（码元数），Q 是缩减次数。

对于二元码，总能找到一个 Q 满足式（3-1）。但对于 m 元码，n 为任意正整数时不一定能找到一个 Q 满足式（3-1）。此时，可以人为地增加一些概率为零的符号，以满足式（3-1），然后取概率最小的 m 个符号合并成一个新符号（结点），并把这些符号的概率相加作为该结点的概率，重新按概率由大到小排队，再取概率最小的 m 个符号（结点）合并。如此下去直至树根。

下面给出 m 元霍夫曼的编码步骤：

1）验证所给 n 是否满足式（3-1），若不满足该式，可以人为地增加一些概率为零的符号，使最后一步有 m 个信源符号。

2）取概率最小的 m 个符号合并成一个新结点，并分别用 0，1，…，$m-1$ 给各分支赋值，把这些符号的概率相加作为该新结点的概率。

3）将新结点和剩下结点重新排队，重复步骤 2），如此下去直至树根。

4）取树根到叶子（信源符号对应结点）的各树枝上的值，得到各符号码字。

后来新加的概率为零的码字，其作用是使码长短的码字，尽量留给实际要用的真实信源的大概率信源符号，把码长长的码字推给实际不用的虚假信源符号，以期得到尽量小的平均码长，使编码尽量有效。新加的码字实际上是冗余码字，并未用上。但这样编成的码仍是最佳的，因为其平均码长最短，且如果等概率符号排队时注意到顺序，则码长的方差也是最小的。

【**例 3-3**】离散无记忆信源

$$\begin{pmatrix} U \\ P(U) \end{pmatrix} = \begin{pmatrix} u_1 & u_2 & u_3 & u_4 & u_5 \\ 0.4 & 0.3 & 0.2 & 0.05 & 0.05 \end{pmatrix}$$

分别对其进行三元和四元霍夫曼编码。

【**解**】首先，验证所给信源符号个数 n 是否满足式（3-1），本例中 $n=5$。三元霍夫曼编码时，$5=(3-1)\times1+3$，满足式（3-1）。此时 $Q=1$，缩减 1 次即可得到拥有三个信源符号的最终信源。其三元霍夫曼编码如图 3-4 所示。

四元霍夫曼编码时，无法满足式（3-1）。此时需要在信源的下方人为地增加两个概率为零的符号，$n=7$，$7=(4-1)\times1+4$，才能保证在缩减 1 次后，得到拥有四个信源符号的最终信源。其四元霍夫曼编码如图 3-5 所示。

图 3-4　例 3-3 三元霍夫曼编码　　图 3-5　例 3-3 四元霍夫曼编码

信源熵为

$$H(U) = -\sum_{i=1}^{5} p(u_i)\log_2 p(u_i) = 1.95\text{bit}$$

平均码长为

$$\overline{K}_3 = \sum_{i=1}^{5} p(u_i)K_i = 1.3\text{symbol}$$

$$\overline{K}_4 = \sum_{i=1}^{5} p(u_i)K_i = 1.1\text{symbol}$$

因为 $\log_2 3 = 1.58\text{bit}$，$\log_2 4 = 2\text{bit}$，所以它们的编码效率分别为

$$\eta_3 = \frac{H(U)}{\overline{K}_3 \times \log_2 3} = 94.9\%$$

$$\eta_4 = \frac{H(U)}{\overline{K}_4 \times \log_2 4} = 88.6\%$$

因此，要发挥霍夫曼编码的优势，一般情况下，信源符号集的元数应远大于码元数。

对于例3-3而言，若编五元码，只能对每个信源符号赋予一个码数，等于没有编码，当然也无压缩可言。

霍夫曼码编码构造出来的码不是唯一的，可是其平均码长却是相同的，所以不影响编码效率和数据压缩性能。霍夫曼码对不同信源的编码效率也不尽相同。当信源概率是2的负次幂时，霍夫曼码的编码效率达到100%；当信源概率相等时，其编码效率最低。因此，在使用霍夫曼码方法编码时，只有信源概率分布很不均匀，才会收到显著的效果。因为信源符号与码字之间不能用某种有规律的数字方法对应起来，所以只能通过某种查表方法建立它们的对应关系。当N增大时，信源符号增多，所需存储的容量增大，使设备复杂化，同时也会使编译码时查表搜索时间有所增加。尽管如此，霍夫曼方法仍是一种较具体、有效的无失真信源编码方法，并且可以编成程序在计算机上实现。因此，霍夫曼编码在文件传真、语音处理和图像处理等涉及数据压缩的领域获得了广泛的应用。

3.1.2　香农编码

香农第一定理指出了平均码长与信源信息熵之间的关系，同时也指出了可以通过编码使平均码长达到极限值，这是一个很重要的极限定理。

香农第一定理指出，选择每个码字的长度K_i如果满足下式（K_i应为整数）

$$K_i = \lceil -\log_2 p(u_i) \rceil \tag{3-2}$$

或

$$-\log_2 p(u_i) \leqslant K_i < 1 - \log_2 p(u_i) \tag{3-3}$$

就可以得到一种码，这种编码方法称为香农编码。香农编码严格意义上来说不是最佳码，它是采用信源符号的累积概率分布函数来分配码字。因此，香农编码方法冗余度稍大，实用性不强，但有重要的理论意义。

二进制香农码的编码步骤具体如下：

1）将信源符号按概率从大到小的顺序排列。

$$p(u_1) \geqslant p(u_2) \geqslant \cdots \geqslant p(u_n)$$

2）确定满足下列不等式的整数K_i。

$$-\log_2 p(u_i) \leqslant K_i < 1 - \log_2 p(u_i)$$

3）令$p(u_1) = 0$，用P_i表示第i个码字的累积概率。

$$P_i = \sum_{k=1}^{i-1} p(u_k)$$

4）将P_i用二进制表示，并取小数点后K_i位作为符号u_i的编码。

【例3-4】有一单符号离散无记忆信源

$$\begin{pmatrix} U \\ P(U) \end{pmatrix} = \begin{pmatrix} u_1 & u_2 & u_3 & u_4 & u_5 \\ 0.4 & 0.3 & 0.2 & 0.05 & 0.05 \end{pmatrix}$$

对该信源进行二进制香农编码。

【解】计算第 i 个信源符号的码字。

设 $i = 3$，首先求第 3 个信源符号的二元码字长 K_3，应用式（3-3），

$$-\log_2 p(u_3) \leqslant K_3 < 1 - \log_2 p(u_3)$$

$$-\log_2 0.2 \leqslant K_3 < 1 - \log_2 0.2$$

$$K_3 = 3$$

累积概率 p_3 为

$$p_3 = \sum_{i=1}^{2} p(u_i) = 0.4 + 0.3 = 0.7$$

将累积概率 p_3 变换成二进制数，得

$$p_3 = 0.7 \rightarrow 0.10110\cdots$$

根据码长 $K_3 = 3$，取小数点后三位 101，作为第 3 个信源符号的码字。其他信源符号的二元码字可用同样方法求得，其编码过程如表 3-1 所示。

表 3-1　例 3-4 香农编码

信源符号 u_i	符号概率 $p(u_i)$	累积概率 P_i	$-\log_2 p(u_i)$	码长	码字
u_1	0.4	0	1.32	2	00
u_2	0.3	0.4	1.73	2	01
u_3	0.2	0.7	2.32	3	101
u_4	0.05	0.9	4.3	5	11100
u_5	0.05	0.95	4.3	5	11101

由上面的编码过程和例题分析可知，按照香农编码步骤求表 3-1 中信源符号的码字比较烦琐，能否改进编码过程呢？

香农编码方法的核心思想是：每个码字的码长 K_i 满足 $-\log_2 p(u_i) \leqslant K_i < 1 - \log_2 p(u_i)$ 并取整。在此基础上，可以不采用累加概率转换为二进制数的编码方法，而是在求出每个码字码长后，利用树图法找到一组码长满足要求的树码。这样，改进的香农编码方法的具体内容如下：

1）根据每个信源符号的概率大小，按式（3-3）计算其码字的码长 K_i。

2）利用二元树图法，根据所求码字码长的大小，构造出即时码。

下面以表 3-1 中的信源符号集为例进行阐述。从表 3-1 可知，码字长度分别为 2、2、3、5、5。于是，可画出如图 3-6 所示的二元树图。

根据二元树图，可以得到满足要求的即时码。

但是，这些码字没有占满所有树叶，所以是非最佳码。

平均码长为

$$\overline{K} = \sum_{i=1}^{5} p(u_i) K_i = 2.5\text{bit}$$

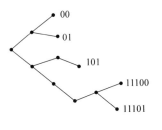

图3-6 例3-4 二元树图

信源熵为

$$H(U) = -\sum_{i=1}^{5} p(u_i) \log_2 p(u_i) = 1.95\text{bit}$$

编码效率为

$$\eta = \frac{H(U)}{\overline{K}} = 78\%$$

为提高编码效率，首先应达到满树；比如把 $u_4 u_5$ 换成前面的节点，可减小平均码长，如图3-7所示。不应先规定码长，而是由码树来规定码字，可得更好的结果。

【例3-5】有一单符号离散无记忆信源，共 7 个符号消息，

图3-7 高效率二元树图

$$\begin{pmatrix} U \\ P(U) \end{pmatrix} = \begin{pmatrix} u_1 & u_2 & u_3 & u_4 & u_5 & u_6 & u_7 \\ 0.2 & 0.19 & 0.18 & 0.17 & 0.15 & 0.10 & 0.01 \end{pmatrix},$$

对该信源进行二进制香农编码。

【解】计算第 i 个信源符号的码字。

以 $i=4$ 为例，首先求第 4 个信源符号的二元码字长 K_4，

$$\log_2 0.17 \leqslant K_4 < 1 - \log_2 0.17$$
$$2.56 \leqslant K_4 < 3.56$$
$$K_4 = 3$$

累积概率 p_4 为

$$p_4 = \sum_{i=1}^{3} p(u_i) = 0.2 + 0.19 + 0.18 = 0.57$$

将累积概率 p_4 变换成二进制数，得

$$p_4 = 0.57 \rightarrow 0.1001\cdots$$

累积概率 $p_4 = 0.57$，变换成二进制为 $0.1001\cdots$，由于 $K_4 = 3$，所以第 4 个消息的编码码字为 100。其他消息的码字可用同样方法求得，如表3-2所示。该信源共有 5 个三位的码字，各码字之间至少有一位数字不相同，故是唯一可译码。同时可以看出，这 7 个码字都

不是延长码，它们都属于即时码。这里，$K = 1$，$m = 2$，所以信源符号的平均码长为

$$\overline{K} = \sum_{i=1}^{7} p(u_i)K_i = 3.14 \text{bit}$$

信源熵为

$$H(U) = -\sum_{i=1}^{7} p(u_i) \log_2 p(u_i) = 2.61 \text{bit}$$

编码效率为

$$\eta = \frac{H(U)}{\overline{K}} = 83\%$$

表 3-2　例 3-5 香农编码

信源符号 u_i	符号概率 $p(u_i)$	累积概率 P_i	$-\log_2 p(u_i)$	码长	码字
u_1	0.20	0	2.34	3	000
u_2	0.19	0.2	2.41	3	001
u_3	0.18	0.39	2.48	3	011
u_4	0.17	0.57	2.56	3	100
u_5	0.15	0.74	2.74	3	101
u_6	0.10	0.89	3.34	4	1110
u_7	0.01	0.99	6.66	7	1111110

上面所讨论的是二元香农编码，利用改进的香农编码方法可以把它推广到 m 元香农编码中，即

1）根据每个信源符号的概率大小，按式（3-3）计算其码字的码长 K_i。

2）利用 m 元树图法，根据所求码字码长的大小，构造出即时码。

3.1.3　费诺编码

费诺编码属于概率匹配编码，但它不是最佳的编码方法。其编码步骤如下：

1）将概率按从大到小的顺序排列，令

$$p(u_1) \geqslant p(u_2) \geqslant \cdots \geqslant p(u_n)$$

2）按编码进制数将概率分组，使每组概率尽可能接近或相等。如果进行二进制编码就分成两组，m 进制编码就分成 m 组。

3）给每一组分配一位码元。

4）将每一分组再按同样原则划分，重复步骤（2）和（3），直至概率不再分为止。

5）信源符号所对应的码字即为费诺码。

【例 3-6】离散独立信源

$$\binom{U}{P(U)} = \begin{pmatrix} u_1 & u_2 & u_3 & u_4 \\ 0.5 & 0.25 & 0.125 & 0.125 \end{pmatrix},$$

对其进行费诺编码。

【解】其费诺编码如图 3-8 所示。

图 3-8 例 3-6 的费诺编码

由此可知：

信源熵为

$$H(U) = -\sum_{i=1}^{4} p(u_i) \log_2 p(u_i) = 1.75 \text{bit}$$

平均码长为

$$\overline{K} = \sum_{i=1}^{4} p(u_i) K_i = 1.75 \text{bit}$$

编码效率为

$$\eta = \frac{H(U)}{\overline{K}} = 100\%$$

【例 3-7】设有一单符号离散信源

$$\binom{U}{P(U)} = \begin{pmatrix} u_1 & u_2 & u_3 & u_4 & u_5 \\ 0.4 & 0.3 & 0.2 & 0.05 & 0.05 \end{pmatrix},$$

对该信源进行二进制费诺编码。

【解】对其进行二进制费诺编码有两种方法，具体过程分别如表 3-3 和表 3-4 所示。

表 3-3 例 3-7 费诺码（1）

信源符号 u_i	符号概率 $p(u_i)$	第 1 次分组	第 2 次分组	第 3 次分组	码字	码长
u_1	0.4		0		00	2
u_4	0.05	0	1	0	010	3
u_5	0.05			1	011	3
u_2	0.3	1	0		10	2
u_3	0.2		1		11	2

表3-4 例3-7费诺码（2）

信源符号 u_i	符号概率 $p(u_i)$	第1次分组	第2次分组	第3次分组	第4次分组	码字	码长
u_1	0.4	0				0	1
u_2	0.3		0			10	2
u_3	0.2	1	1	0		110	3
u_4	0.05			1	0	1110	4
u_5	0.05				1	1111	4

信息熵为

$$H(U) = -\sum_{i=1}^{5} p(u_i) \log_2 p(u_i) = 1.95\text{bit}$$

平均码长为

$$\overline{K_1} = \sum_{i=1}^{5} p(u_i) K_i = 2.1\text{bit}$$

$$\overline{K_2} = \sum_{i=1}^{5} p(u_i) K_i = 2.0\text{bit}$$

编码效率为

$$\eta_1 = \frac{H(U)}{\overline{K_1}} = 93\%$$

$$\eta_2 = \frac{H(U)}{\overline{K_2}} = 97.5\%$$

费诺编码考虑了信源的统计特性，使经常出现的信源符号能对应码长短的码字。显然，费诺编码仍然是一种相当好的编码方法。但是，这种编码方法不一定能使短码得到充分利用。尤其当信源符号较多，且有一些符号概率分布很接近时，分两大组的组合方法就有很多种。可能某种分配组合方法，会使后面小组的"概率和"相差较远，因而使平均码长增加，所以费诺码不一定是最佳码。费诺码的编码方法实际上是构造码树的一种方法，所以费诺码是一种即时码。

费诺码比较适合每次分组概率都很接近的信源，特别是对每次分组概率都相等的信源进行编码时，可得到较为理想的编码效率。

3.1.4 香农–费诺–埃利斯码

香农–费诺–埃利斯码不是分组码，它根据信源符号的累积概率分配码字，不是最佳码，但它的编码和译码效率都很高。

设信源

$$\begin{pmatrix} U \\ P(U) \end{pmatrix} = \begin{pmatrix} u_1 & u_2 & u_3 & \cdots & u_n \\ p(u_1) & p(u_2) & p(u_3) & \cdots & p(u_n) \end{pmatrix}$$

定义信源符号累积概率

$$F(u_k) = \sum_{i=1}^{k} p(u_i) \tag{3-4}$$

式中，u_i，$u_k \in \{u_1, u_2, \cdots, u_n\}$

定义信源符号修正的累积概率函数

$$\overline{F}(u_k) = \sum_{i=1}^{k-1} p(u_i) + \frac{1}{2} p(u_k) \tag{3-5}$$

式中，u_i，$u_k \in \{u_1, u_2, \cdots, u_n\}$ 并且 $\sum_{i=1}^{n} p(u_i) = 1 (i=1, 2, 3 \cdots, n)$。

由信源符号累积概率定义可知，$F(u_{k+1})$ 和 $F(u_k)$ 都是小于 1 的正数，可将这些小于 1 的正数映射到 （0，1］ 内。图 3-9 描绘了累积概率分布。

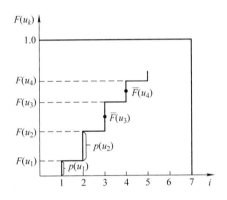

图 3-9　累积概率分布图

由图 3-9 可见，符号的累积概率分布函数呈阶梯形，符号的累积概率的值是上界值，每个台阶的高度（或宽度）就是该符号的概率 $p(u_k)$ 值，修正的累积概率为对应台阶的中点。因为所有的累积概率 $F(u_k)$ 都是正数，且当 $u_i \neq u_j$ 时，$F(u_i) \neq F(u_j)$，所以这些累积概率 $F(u_i)$ 将(0，1]分成许多互不重叠的小区间。若已知 $\overline{F}(u_k)$，就能确定它处于哪个小区间，也就能确定相应的信源符号 u_k，因此可采用 $\overline{F}(u_k)$ 的数值作为符号 u_k 的码字。那么，这样给出的符号的编码是即时码吗？码长又如何选取呢？下面讨论这些问题。

一般情况下，$\overline{F}(u_k)$ 为一实数，将其转换成二进制小数的形式，取小数点后 $l(u_k)$ 位作为 u_k 的码字。根据二进制小数截去位数的影响得：

$$\overline{F}(u_k) - \lfloor \overline{F}(u_k) \rfloor_{l(u_k)} < \frac{1}{2^{l(u_k)}} \tag{3-6}$$

式中，$\lfloor \overline{F}(u_k) \rfloor_{l(u_k)}$ 表示取 $l(u_k)$ 位小于或等于 $\overline{F}(u_k)$ 的最大整数。

若取

$$l(u_k) = \left\lfloor \log_2 \frac{1}{p(u_k)} \right\rfloor + 1 \tag{3-7}$$

得

$$\frac{1}{2^{l(u_k)}} < \frac{p(u_k)}{2} = F(u_k) - \overline{F}(u_k) \tag{3-8}$$

所以

$$\overline{F}(u_k) - \left\lfloor \overline{F}(u_k) \right\rfloor_{l(u_k)} < \frac{p(u_k)}{2} \tag{3-9}$$

则这样编得的码字在信源符号 u_k 对应区间内。上面证明了将 $\overline{F}(u_k)$ 转化为二进制数的形式，取小数点后 $l(u_k)$ 位作为符号 u_k 的码字，此码字恰好在符号 u_k 对应的区间内。那么，这样得到的码字是即时码吗？从 $F(u_k)$ 划分的区间看，若每个信源符号 u_k 所对应的区间都没有重叠，那么，此编码一定是即时码。

令 $\left\lfloor \overline{F}(u_k) \right\rfloor_{l(u_k)} = 0. z_1 z_2 z_3 \cdots z_l$，则 u_k 的码字为 $z_1 z_2 z_3 \cdots z_l$（$z_i = 0$ 或 $z_i = 1$）。此码字对应区间 $[0. z_1 z_2 z_3 \cdots z_l, \ 0. z_1 z_2 z_3 \cdots z_l + 1/2^l]$，由上述分析可知，这个区间的下界处于累积概率 u_k 台阶的中间以下，$F(u_{k-1})$ 以上；而这个区间的上界处于 $F(u_k)$ 以下，即每个码字对应的区间完全处于累积概率中该信源符号对应的台阶宽度内。因此，不同的码字对应的区域是不同的，没有重叠，这样得到的码字一定是即时码。在这种编码方法中，不要求信源符号的概率按顺序排列，只要给不同的符号分配不同的区间即可。

由式（3-7）可得香农 – 费诺 – 埃利斯码平均码长 $\overline{K}$ 为

$$\overline{K} = \sum_{k=1}^{n} p(u_k) l(u_k) = \sum_{k=1}^{n} p(u_k) \left(\left\lfloor \log_2 \frac{1}{p(u_k)} \right\rfloor + 1 \right) \tag{3-10}$$

则

$$\sum_{k=1}^{n} p(u_k) \left(\left\lfloor \log_2 \frac{1}{p(u_k)} \right\rfloor + 1 \right) \leqslant \overline{K} < \sum_{k=1}^{n} p(u_k) \left(\left\lfloor \log_2 \frac{1}{p(u_k)} \right\rfloor + 2 \right)$$

即

$$H(U) + 1 \leqslant \overline{K} < H(U) + 2 \tag{3-11}$$

可见，此码也是熵编码，且平均码长比霍夫曼码的平均码长要多 1 位码元。

【例 3-8】离散无记忆信源

$$\begin{pmatrix} U \\ P(U) \end{pmatrix} = \begin{pmatrix} u_1 & u_2 & u_3 & u_4 \\ 0.25 & 0.5 & 0.125 & 0.125 \end{pmatrix}$$

对其进行香农 – 费诺 – 埃利斯码编码。

【解】根据前文描述，该信源的香农 – 费诺 – 埃利斯码编码过程及编码结果如表 3-5

所示。

表3-5 例3-8的香农－费诺－埃利斯码表

信源符号 u_i	符号概率 $p(u_i)$	$F(u_i)$	$\overline{F}(u_i)$	二进制 $\overline{F}(u_i)$	码字	码长
u_1	0.25	0.25	0.125	0.001	001	3
u_2	0.5	0.75	0.500	0.100	10	2
u_3	0.125	0.875	0.8125	0.1101	1101	4
u_4	0.125	1.0	0.9375	0.1111	1111	4

由此可知:

信源熵为

$$H(U) = -\sum_{i=1}^{4} p(u_i) \log_2 p(u_i) = 1.75\text{bit}$$

平均码长为

$$\overline{K} = \sum_{i=1}^{4} p(u_i) K_i = 2.75\text{bit}$$

编码效率为

$$\eta = \frac{H(U)}{\overline{K}} = 63.6\%$$

但是，如果对例3-8所示信源进行霍夫曼编码，编码效率可达100%，所以说香农－费诺－埃利斯码不是最佳码，它比霍夫曼码每位信源符号多1位。

香农码、费诺码、霍夫曼码等都考虑了信源的统计特性，使经常出现的信源符号对应较短的码字，使信源的平均码长缩短，从而实现了对信源的压缩。

香农码有系统的、唯一的编码方法，但在很多情况下编码效率不是很高。

费诺码和霍夫曼码的编码方法都不唯一。

费诺码比较适合对分组概率相等或接近的信源编码，也可以进行 m 进制编码，但 m 越大，信源的符号数越多，可能的编码方案就越多，编码过程就越复杂，有时短码也未必能得到充分利用。

香农－费诺－埃利斯码不是最佳码，但由其扩展得到的算术编码在数据压缩中得到了广泛的应用。

霍夫曼码对信源的统计特性没有特殊要求，编码效率比较高，对编码设备的要求也比较简单，因此综合性能优于香农码、费诺码以及香农－费诺－埃利斯码。

3.1.5 游程编码

1. 游程和游程序列

当信源是二元相关信源时，输出的信源符号序列中往往会连续出现多个"0"或"1"符号，前面所讲的那些编码方法的编码效率就不会提高很多。为此，人们在寻找一种更为有效的编码方法。游程编码就是这样一种针对相关信源的有效编码方法，尤其适用于二元相关信源。游程编码是解决小消息信源问题的一种很好的方案。下面将具体介绍游程编码的相关知识。

数字序列中连续出现相同符号的一段称为游程。二元序列只有两种值，分别用"0"和"1"表示，这两种符号可连续出现，就形成了"0"游程和"1"游程。"0"游程和"1"游程总是交替出现的，连续出现的"0"符号的个数称"0"游程长度，连续出现的"1"符号的个数称"1"游程长度。这样可把二元序列变换为游程长度序列，且二者是可逆的。对于随机二元序列，各游程长度将是随机变量，其取值可为 1，2，3，…，直至无穷。

游程长度序列（游程序列）：用交替出现的"0"游程和"1"游程长度表示任意二元序列。

游程变换：将二元序列变成为游程长度序列。

【例 3-9】二元序列为

$$000\ 011\ 111\ 001\ 111\ 110\ 000\ 000\ 111\ 111\cdots$$

对其进行游程编码。

【解】该序列对应的游程序列为

$$452676\cdots$$

如果规定序列从"0"开始，那么很容易将游程序列恢复成二元序列。可见，这种变换是可逆的、无失真的。游程变换减弱了原序列符号间的相关性。游程变换将二元序列变换成了多元序列；这样就适合于用其他方法，如霍夫曼编码，进一步压缩信源，提高通信效率。游程序列是多元序列，如果计算出各个游程长度的概率，就可对各游程长度进行霍夫曼编码或用其他编码方法进行处理，以达到压缩编码的目的。

因此，编码方法为：

1）测定"0"游程长度和"1"游程长度的概率分布，即以游程长度为元素，构造一个新的信源。

2）对新的信源（游程序列）进行霍夫曼编码。

2. 传真传输的霍夫曼编码

游程编码只适用于二元序列，对于多元序列，一般不能直接利用游程编码。游程编码最重要的实用例子是通过实时电子邮件传输文件的传真技术。

传真传输是指用连续行扫描来传输一个二维图像的处理过程。实际中最常见的图像是包含文本和图表的文件。各个扫描线位置和沿着某一扫描线的扫描位置被量化为空间位置，此空间位置定义了图像元素（称为像素，pixel）的二维网格。标准 CCITT 文件的宽度为 8.27 英寸（20.7cm），长度为 11.7 英寸（29.2cm），分别接近 8.5 英寸和 11.0 英寸。普通分辨率的空间量化为 1728 像素/行和 1188 行/文件。该标准还定义高分辨率的量化即 1728 像素/行和 2376 行/文件。普通分辨率传真发送的像素总数是 2052864，高分辨率的像素总数是它的两倍；而 NTSC（国家电视标准委员会）标准商用电视的像素数目是 480×640，即 307200。因此，传真的分辨率是标准电视图像分辨率的 6.7 或 13.4 倍。

每个扫描位置的图像明暗度被量化成两级：B（黑）和 W（白）。这样，扫描线获得的信号是表示 B 和 W 的两电平模式。因此，扫过一张纸的水平扫描线呈现的图样由 B 和 W 电平的长游程组成。CCITT 标准游程编码方案对 B 和 W 游程的压缩是建立在修改后的可变长度霍夫曼编码基础上的，见表 3-6。从表中可以看出 B 游程和 W 游程的模式。每个游程由分段码字表示。第一分段，称为组成码字或最高有效比特（MSB），可识别长为 64 的整数倍的游程，也就是每个长为 $64 \times K$（$K = 1，2，\cdots，27$）的游程。第二分段，称为终止码字或最低有效比特（LSB），可识别剩余的游程长度，为每个长为 $0 \sim 63$ 的黑（或白）游程指定一个对应的霍夫曼码字。编码中还定义一个唯一的行结束符（EOL），表明后面没有像素，下一行开始，这与打字机的回车类似。

表 3-6 CCITT 传真标准的修正霍夫曼编码

a) 组合基干码

游程长度	白游程码字	黑游程码字	游程长度	白游程码字	黑游程码字
64	11011	0000001111	960	011010100	0000001110011
128	10010	000011001000	1024	011010101	0000001110100
192	010111	000011001001	1088	011010110	0000001110101
256	0110111	000010011011	1152	011010111	0000001110110
320	00110110	000000110011	1216	011011000	0000001110111
384	00110111	000000110100	1280	011011001	0000001010010
448	01100100	000000110101	1344	011011010	0000001010011
512	01100101	0000001101100	1408	011010111	0000001010100
576	01101000	0000001101101	1472	010011000	0000001010101
640	01100111	0000001001010	1536	010011001	0000001011010
704	011001100	0000001001011	1600	010011010	0000001011011
768	011001101	0000001001100	1664	01100	0000001100100
832	011010010	0000001001101	1728	010011011	0000001100101
896	011010011	0000001110010	EOL	000000000001	000000000001

（续）

b）结尾码

游程长度	白游程码字	黑游程码字	游程长度	白游程码字	黑游程码字
0	00110101	0000110111	32	00011011	000001101010
1	000111	010	33	00010010	000001101011
2	0111	11	34	00010011	000011010010
3	1000	10	35	00010100	000011010011
4	1011	011	36	00010101	000011010100
5	1100	0011	37	00010110	000011010101
6	1110	0010	38	00010111	000011010110
7	1111	00011	39	00101000	000011010111
8	10011	000101	40	00101001	000001101100
9	10100	000100	41	00101010	000001101101
10	00111	0000100	42	00101011	000001101101
11	01000	0000101	43	00101100	000011011011
12	001000	0000111	44	00101101	000001010100
13	000011	00000100	45	00000100	000001010101
14	110100	00000111	46	00000101	000001010110
15	110101	000011000	47	00001010	000001010111
16	101010	0000010111	48	00001011	000001100100
17	101011	0000011000	49	01010010	000001100101
18	0100111	0000001000	50	01010011	000001010010
19	0001100	00001100111	51	01010100	000001010011
20	0001000	00001101000	52	01010101	000000100100
21	0010111	00001101100	53	00100100	000000111000
22	0000011	00000110111	54	00100101	000000111000
23	0000100	00000101000	55	01011000	000000100111
24	0101000	00000010111	56	01011001	000000101000
25	0101011	00000011000	57	01011010	000001011000
26	0010011	000011001010	58	01011011	000001011001
27	0100100	000011001011	59	01001010	000000101011
28	0011000	000011001100	60	01001011	000000101100
29	00000010	000011001101	61	00110010	000001011010
30	00000011	000001101000	62	00110011	000001100110
31	00011010	000001101001	63	00110100	000001100111

【例3-10】 设某页传真文件中某一扫描行的像素点为

17W，5B，55W，10B，1641W

用修正霍夫曼编码压缩该扫描行。

【解】 应用表3-6，可以得到该扫描行的修正霍夫曼编码为（为方便阅读增加了空格）

17W	5B	55W	10B	1600W	41W	EOL
101011	0011	01011000	0000100	010011010	00101010	000000000001

原来一行为1728个像素，用"0"表示白，用"1"表示黑，需1728位二元码元。现在的修正霍夫曼编码只需用54位二元码元。可见，这一行数据压缩比为1728∶54 = 32，压缩效率很高。

3.1.6 算术编码

用霍夫曼编码方法对小消息信源进行统计匹配编码，要实现统计匹配，提高编码效率，必须扩展信源，即由一维扩展至多维进行霍夫曼编码，才能使平均码长接近信源的熵。二元序列用二进制数编码，等于没有编码，也无压缩可言，且编码效率也不高。

算术编码是近十多年来发展迅速的一种无失真信源编码，它与最佳的霍夫曼码相比，理论性能稍逊色，而实际压缩率和编码效率往往还优于霍夫曼码，且实现简单，所以在工程上应用较多。

算术编码不同于霍夫曼编码，它是非分组（非块）码。它从全序列出发，考虑符号之间的关系来进行编码。算术编码利用了累积概率的概念，其主要的编码方法是计算输入信源符号序列所对应的区间。

算术编码的基本思路是：

从全序列出发，将各信源序列的概率映射到［0, 1］区间上，使每个序列对应这个区间内的一点，也就是一个二进制的小数。这些点把［0, 1］区间分成许多小段，每段的长度等于某一序列的概率。再在段内取一个二进制小数，其长度可与该序列的概率匹配，达到高效率编码的目的。这种方法与香农编码法类似，只是它们考虑的信源序列对象不同，算术码中的信源序列长度要长得多。

1. 累积概率的递推公式

设信源

$$\begin{pmatrix} U \\ P(U) \end{pmatrix} = \begin{pmatrix} u_1 & u_2 & \cdots & u_n \\ p(u_1) & p(u_2) & \cdots & p(u_n) \end{pmatrix}$$

定义信源符号的累积概率为

$$F(u_k) = \sum_{i=1}^{k-1} p(u_i) \quad u_k \in U \tag{3-12}$$

由式（3-12）可知

$$F(u_k) \in [0,1)$$

由式（3-12）得

$$F(u_1) = 0, F(u_2) = p(u_1), F(u_3) = p(u_1) + p(u_2), \cdots \qquad (3\text{-}13)$$

$$且\ p(u_i) = F(u_{i+1}) - F(u_i) \qquad (3\text{-}14)$$

因为 $F(u_i)$ 和 $F(u_{i+1})$ 都是小于 1 的正数，因此可用 $[0, 1)$ 区间的两个点来表示，$p(u_i)$ 就是这两点间的小区间的长度。不同的符号对应不同的小区间，这些小区间互不重叠，小区间内的任意一点可作为该符号的编码，且此编码为即时码。

下面给出信源序列的累积概率的递推公式，其证明可见相关的参考文献。

设基本离散独立信源序列为

$$S = s_1 s_2 \cdots s_k \cdots s_n \in \{u_1,\ u_2,\ \cdots,\ u_m\},\ k = 1,\ 2,\ \cdots,\ n$$

则信源序列的累积概率的递推公式为

$$F(S_{u_r}) = F(S) + p(S) F(u_r)$$

$$p(S_{u_r}) = p(S) p(u_r) \qquad (3\text{-}15)$$

式中，$F(S_{u_r})$ 为信源序列 S 添加一个新的信源符号 u_r 后所得到的新序列 S_{u_r} 的累积概率，$p(S)$ 为信源序列 S 的概率，$F(u_r)$ 为信源符号 u_r 的累积概率，$p(S_{u_r})$ 为信源序列 S 添加一个新的信源符号 u_r 后所得到的新序列 S_{u_r} 的概率，$p(u_r)$ 为信源符号 u_r 的概率。

公式（3-15）对于有相关性的序列同样适用，只是需要将公式中的单符号概率改成条件概率。信源序列的累积概率 $F(S)$ 与信源符号的累积概率一样，可用 $[0, 1)$ 区间内的一个点来表示，因此累积概率 $F(S)$ 将区间 $[0, 1)$ 分成许多小区间，它们互不重叠，序列 S 的概率 $p(S)$ 就是两点间的小区间的长度，小区间内的一个点可用来表示序列的概率，这就是算术编码的基本思想。下面介绍算术编码的原理及如何划分各个小区间。

2. 算术编码原理

由前文讨论可知，信源符号的累积概率将区间 $[0, 1)$ 分成许多互不重叠的小区间，每个信源符号对应一个不同的小区间，每个小区间的长度等于这个信源符号的概率，在此小区间内取一点，该点的取值可作为这个信源符号的码字。这个原理同样适用于信源序列。把信源序列的累积概率映射到 $[0, 1)$ 区间上，使每个序列对应该区间内的一个点，这些点把区间 $[0, 1)$ 分成许多小区间，这些小区间的长度等于对应序列的概率，在小区间内取一个小数，使其长度与该序列的概率匹配，因而达到高效编码的目的。

算术编码主要是计算信源序列对应的小区间，下面先给出小区间划分的递推计算公式，然后举例说明如何划分小区间。

设小区间左、右端点的值分别用 $l(\text{low})$ 和 $h(\text{high})$ 表示，用 $r(\text{range})$ 表示小区间的长度，则小区间左、右端点的递推公式为

$$l(S_{u_r}) = l(S) + r(S) \times l(u_r)$$

$$h(S_{u_r}) = h(S) + r(S) \times h(u_r) \qquad (3\text{-}16)$$

式中，$l(S_{u_r})$ 为信源序列 S 添加一个新符号 u_r 后所得到的新序列 S_{u_r} 对应区间的左端点值，$h(S_{u_r})$ 为信源序列 S 添加一个新信源符号 u_r 后所得到的新序列 S_{u_r} 对应区间的右端点值，$l(S)$ 为信源序列 S 对应区间的左端点值，$r(S)$ 为信源序列 S 对应区间的宽度值，$l(u_r)$ 为信源符号 u_r 对应区间的左端点值，$h(u_r)$ 为信源符号 u_r 对应区间的右端点值。

使用公式（3-16）计算小区间端点值的步骤如下：

1）给出信源符号对应的区间。

2）初始时设 $S = \varnothing$（$\varnothing$ 代表空集），$l(\varnothing) = 0$，$h(\varnothing) = 1$，$r(\varnothing) = 1$。

3）输入信源序列的一个符号 u_r，根据公式（3-16）计算序列 S_{u_r} 的左、右端点值。依此类推，直至全部信源序列对应的区间被确定为止。

【例 3-11】已知信源

$$\begin{pmatrix} U \\ P(U) \end{pmatrix} = \begin{pmatrix} a & b & c & d \\ 0.1 & 0.4 & 0.2 & 0.3 \end{pmatrix}$$

求信源序列 $cadac$ 对应的区间端点值。

【解】信源符号区间划分如表 3-7 所示。例 3-11 信源序列对应的小区间端点值如表 3-8 所示。

表 3-7　例 3-11 信源符号对应区间的端点值

符号	概率	区间
a	0.1	$[0, 0.1)$
b	0.4	$[0.1, 0.5)$
c	0.2	$[0.5, 0.7)$
d	0.3	$[0.7, 1]$

表 3-8　信源序列 $cadac$ 对应区间的端点值

字符串	左端点值（l）	右端点值（h）
c	0.5	0.7
ca	0.5	0.52
cad	0.514	0.52
$cada$	0.514	0.5146
$cadac$	0.5143	0.51442

3. 算术编码方法

从上面的分析可知，不同的信源序列对应不同的小区间，可取小区间内的一点作为该序列的码字。怎样选取该点呢？可以选区间的左端点的值作为码字，也可以选取区间的中点作为码字。码字长度选取的原则主要是使其与该序列的概率匹配，所以可根据下式选码长 L：

$$L = \left\lceil \log_a \frac{1}{p(s)} \right\rceil \tag{3-17}$$

取信源序列码字的前 L 位，若后面有尾数就进位到第 L 位，这样得到的数就是序列的编码。

实际编码时，用递推公式可逐位计算序列的累积概率。只要存储器容量允许，无论序列有多长，都一直计算下去，直至序列结束。

下面给出用序列累积概率的递推公式进行序列的算术编码的计算步骤。

1）根据式（3-12）计算信源符号的累积概率。

2）初始时设 $S = \varnothing$，$F(\varnothing) = 0$，$p(\varnothing) = 1$。

3）根据式（3-15）计算序列的累积概率 $F(S_{u_r})$ 和序列的概率 $p(S_{u_r})$。

4）根据式（3-17）计算码长 L。

5）将 $F(S)$ 写成二进制数的形式，如果小数点后没有数据，则取其前 L 位作为序列 S 的码字；如果小数点后有数据，则取其前 L 位加 1 作为序列 S 的码字。

【例 3-12】已知信源

$$\begin{pmatrix} U \\ P(U) \end{pmatrix} = \begin{pmatrix} A & B & C & D \\ 0.1 & 0.4 & 0.2 & 0.3 \end{pmatrix}$$

如果二进制消息序列的输入为 C A D A C D B，利用算术编码对其进行编解码。

【解】根据已知可把区间 [0，1] 分成 4 个子区间：[0，0.1)，[0.1，0.5)，[0.5，0.7)，[0.7，1]。上面的信息可综合在表 3-9 中。

表 3-9 信源符号对应区间的端点值

符号	概率	区间
A	0.1	[0，0.1)
B	0.4	[0.1，0.5)
C	0.2	[0.5，0.7)
D	0.3	[0.7，1]

二进制消息序列的输入为 C A D A C D B。编码时首先输入的符号是 C，找到它的编码

范围是 [0.5，0.7]。由于消息中第二个符号 A 的编码范围是 [0，0.1]，因此它的区间就取 [0.5，0.7] 的第一个十分之一作为新区间 [0.5，0.52]。依此类推，编码第 3 个符号 D 时取新区间为 [0.514，0.52]，编码第 4 个符号 A 时，取新区间为 [0.514，0.5146]，…。消息的编码输出可以是最后一个区间中的任意数。

这个例子的编码和译码的全过程分别表示在表3-10和表3-11中。

表3-10　编码过程

步骤	输入符号	编码区间	编码判决
1	C	[0.5，0.7]	符号的间隔范围 [0.5，0.7]
2	A	[0.5，0.52]	[0.5，0.7] 间隔的第一个 1/10
3	D	[0.514，0.52]	[0.5，0.52] 间隔的最后一个 1/10
4	A	[0.514，0.5146]	[0.514，0.52] 间隔的第一个 1/10
5	C	[0.5143，0.51442]	[0.514，0.5146] 间隔的第五个 1/10
6	D	[0.514384，0.51442]	[0.5143，0.51442] 间隔的最后三个 1/10
7	B	[0.5143836，0.514402]	[0.514384，0.51442]
		[0.5143876，0.514402]	个数作为输出：0.5143876

表3-11　译码过程

步骤	间隔	译码符号	译码判决
1	[0.5，0.7]	C	
2	[0.5，0.52]	A	
3	[0.514，0.52]	D	
4	[0.514，0.5146]	A	
5	[0.5143，0.51442]	C	
6	[0.514384，0.51442]	D	
7	[0.5143839，0.5143948]	B	
译码的消息为 C A D A C D B			

在上面的例子中，假定编码器和译码器都知道消息的长度，因此译码器的译码过程不会无限制地运行下去。实际上在译码器中需要添加一个专门的终止符，当译码器看到终止符时就停止译码。

4. 算术编码小结

算术编码从性能上看有很多优点，特别是由于所需参数很少，不像霍夫曼编码那样需要一个很大的码表，常设计成自适应算术编码来针对一些信源概率未知或非平稳情况。

但是在实际实现时还有一些问题，如计算复杂性、计算的精度以及存储量等，随着这些问题的逐渐解决，算术编码正在进入实用阶段，但要扩大应用范围或进一步提高性能，降低成本，还需进一步改进。

有时为了得到较高的编码效率，先采用某种正交变换，解除或减弱信源符号间的相关性，然后再进行信源编码；有时则利用信源符号间的相关性直接编码。

3.1.7 Lempel – Ziv 算法

霍夫曼编码和算术编码等编码方法需要已知信源符号的统计特性，且编码高效，实现也不是太困难，所以已在图像处理等领域得到了广泛应用。但有些信源的统计特性并不能提前预知，那么该如何在信源统计特性未知时对信源进行编码呢？

我们知道许多字母成对或成组出现，如"q – u"、"t – h"、"i – n – g"等，用字母间的统计互相关性来关联字母各自的出现概率会更有效。这就是 Lempel 和 Ziv 在 1977 年提出的方案。这种信源编码算法不需要信源的统计特性，是一种变长到定长的信源编码算法。

Lempel – Ziv 算法隐含的逻辑如下：通过对由一连串 0 和 1 组成的预先串（前缀串），另加一个新的比特进行编码，对任意比特序列的压缩是可能的。然后，由原来的前缀串添加一个新的比特所形成的新串又作为未来串的前缀串。这些变长的组叫作短语。这些短语列在一个字典里，其中记录了已存在的短语和它们的位置。当对一个新的短语编码时，需要指明已有的短语在字典里的位置并附加新字母。

【例3-13】利用 Lempel – Ziv 算法，对字符串 101011011010101011 编码。

【解】按照上述思路将其变成用逗号分开的短语，它们代表的字符串可以用原来的一个字符串作前缀另加一个比特表示。

第一个比特是 1，它前面没有内容，因此它需要一个空前缀且另外的 1 比特就是它本身；同样道理，0 也是空前缀加其本身。

1, 01011011010101011

1, 0, 1011011010101011

截至目前，字典里包含字符串"0"和"1"。接着又是 1，但其已经存在于字典里，继续往下进行。接下来的 10 显然由前缀 1 和 0 构成。

1, 0, 10, 11011010101011

11 由前缀串 1 和 1 构成。以此类推，将整个字符串拆分如下：

1, 0, 10, 11, 01, 101, 010, 1011

现在有 8 个短语，将用 3 比特来标记空短语和前 7 个短语，它们一共有 8 个编过号的短语。接下来用构成一个新短语所需的前缀短语的数字加新的比特来表示字符串。这 8 个短语可描述为（为了直观，用括号将其分开）：

$(000, 1)$，$(000, 0)$，$(001, 0)$，$(001, 1)$，$(010, 1)$，$(011, 1)$，$(101, 0)$，$(110, 1)$

因此，上述字符串编码之后变成了：

000100000010001101010111101011101

其对应的字典如表 3-12 所示。在这种情况下，编码后的字符串更长，并没有压缩。但是，最初的字符串越大，随着编码的进程会有越大的节余，因为很大的前缀可以用很小的数字索引来表示。事实上，Ziv 证明了对于长文件，文件的压缩可以达到由文件信息量所决定的能获得的最优值。

表 3-12　Lempel – Ziv 算法的字典

字典位置	字典内容	定长码字
001	1	0001
010	0	0000
011	10	0010
100	11	0011
101	01	0101
110	101	0111
111	010	1010
...	1011	1101

在实际应用中，无论表的长度如何，最终总要溢出。这个问题可以通过预先确定一个充分大的字典来解决。编码器和译码器可以通过周期性的用比较常用的短语取代字典中不常用的短语来更新字典。Lempel – Ziv 算法已得到广泛应用。

3.2　限失真信源编码

前文所讲的信源编码方法，都是针对无失真的情况。而在实际信息处理过程中，往往允许有一定的失真，例如 A–D 变换，就不可能完全不失真。人们的视觉和听觉都允许有一定失真，电影和电视就是利用了视觉暂留，才没有发觉影片是由一张一张画面快速连接起来的。耳朵的频率响应也是有限的，在某些场合中只需保留信息的主要特征就够了。所以，一般可以对信源输出的信息进行失真处理。本节主要讨论限失真信源编码，在此基础上简单介绍一些其他常用的信源编码方法。

由无失真离散信源编码问题可知：无论是无噪信道还是有噪信道，只要信息传输率小于信道容量，总能找到一种编码，使其在信道上以任意小的错误概率和任意接近信道容量的传输率来传送信息。但若信息传输率大于信道容量，则不能实现无失真的传输，或者使传输错误概率任意小。

在实际生活中，信宿一般并不要求完全无失真地恢复消息。通常总是要求在保证一定质量（一定保真度）的条件下近似地再现原来的消息，也就是允许有一定的错误（失真）存在。例如，在传送语音信号时，由于人耳接受的带宽和分辨率是有限的，因此可以把频谱范围从 20Hz ~ 8kHz 的语音信号去掉低端和高端的频率，看成带宽只有 300 ~ 3400Hz 的信号。这样，即使传输的语音信号有一些失真，人耳还是可以分辨或感觉出来，仍能满足语音信号传输的要求，所以这种失真是允许的。又如传送图像时，也并不需要全部精确地把图像传送给观察者，如电视信号每一像素的黑白灰度级只需分成 256 级，屏幕上的画面就已足够清晰悦目。对于静止图像或活动图像的每一帧，从空间频域来看，一般都含大量的低频域分量，而高频域分量的含量很少。此时，若将高频分量丢弃，只传输或存储低频分量，则数据可以大大减少，而图像的画面仍能令人满意。这是因为人眼有一定的主观视觉特征，允许传送图像时有一定的误差存在。

在允许一定程度失真的条件下，能把信源信息压缩到什么程度，即最少需要多少比特数才能描述信源？也就是说，在允许一定程度失真的条件下，如何能快速地传输信息？这就是本节将讨论的问题。

3.2.1　模拟信源的数字化

模拟信息不像文本数据那样可以直接编码为字符，必须首先转化为数字格式。数字化过程包括三个步骤：采样、量化、编码。模拟信号首先必须对其进行采样。经采样后的采样信号在时间上是离散的，但是其取值依然是连续的。第二步是量化。量化的结果使采样信号变成量化信号，其取值是离散的。第三步是编码。最基本和最常用的编码方法是脉冲编码调制（Pulse Code Modulation，PCM），它将量化后的信号变成二进制码元。

1. 采样

模拟信号的数字化涉及一个很重要的定理——采样定理。该定理是美国电信工程师 H. 奈奎斯特在 1928 年提出的，是数字信号处理领域中模拟信号和数字信号之间的桥梁，又称为奈奎斯特定理。该定理说明采样频率与信号频谱之间的关系，是连续信号离散化的基本依据。它为采样率建立了一个足够的条件，该采样率允许离散采样序列从有限带宽的连续时间信号中捕获所有信息。

奈奎斯特定理指出：在进行模拟 – 数字信号（A – D）的转换过程中，当采样频率 f_s 大于信号中最高频率 f_h 的 2 倍时（$f_s > 2f_h$），采样之后的数字信号完整地保留了原始信号中的信息，一般实际应用中保证采样频率为信号最高频率的 2.56 ~ 4 倍。

（1）冲激采样

所谓冲激采样，是用一个周期性冲激串与待采样的连续时间信号相乘，该周期性冲激串称作采样函数，采样函数的周期称为采样周期，采样函数的频率称为采样频率。其原理如图 3-10 所示。

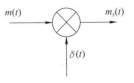

图 3-10　冲激采样原理图

其时域及频域图如图 3-11 所示。

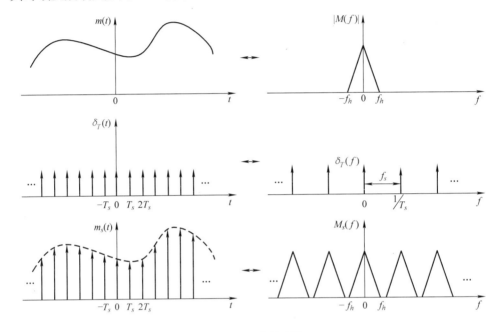

图 3-11　冲激采样

（2）自然采样

用冲激函数进行采样属于理想采样。实际采样一般采用有一定宽度和高度的脉冲序列进行。将模拟信号 $m(t)$ 与脉冲序列 $\delta_T(t)$ 相乘，得到的采样信号为

$$m_s(t) = m(t)\delta_T(t) \tag{3-18}$$

其采样过程如图 3-12 所示。这种采样称为自然采样。

$f_s \geqslant 2f_h$ 时，$M_s(f)$ 中包含的每个原信号频谱 $M(f)$ 之间互不重叠，如图 3-12f 所示。这样就能够从 $M_s(f)$ 中用一个低通滤波器分离出信号 $m(t)$ 的频谱 $M(f)$，也就是从采样信号中恢复原信号。

（3）混叠

若采样信号的频率低于奈奎斯特采样频率，相邻周期的频谱间将发生频谱重叠，又称混叠，如图 3-13 所示。

此时，不能无失真重建原信号。因此，采样速率必须满足：

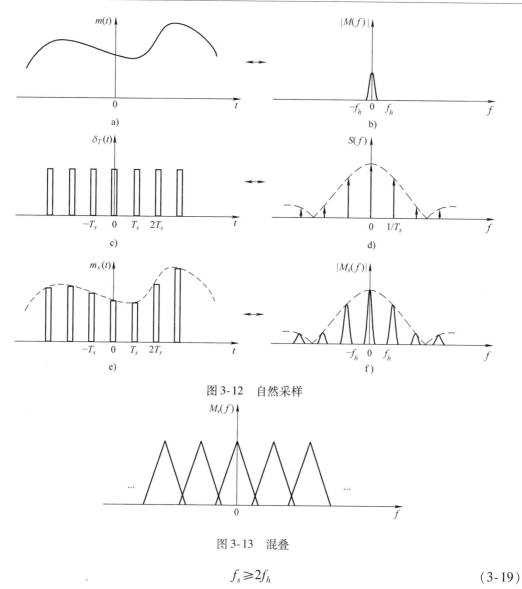

图 3-12　自然采样

图 3-13　混叠

$$f_s \geqslant 2f_h \tag{3-19}$$

考虑到过渡带宽因素，工程上奈奎斯特采样速率一般为 $f_s \geqslant 2.2f_h$。

例如在高质量的音乐系统中，为了对 20kHz 带宽的音乐源进行高质量的数字化，应为其确定一个合理的采样速率。由工程上的奈奎斯特采样速率可知，采样速率必须大于44.0kHz。实际上，CD 数字音频播放器的标准采样速率为 44.1kHz，演播室级质量的音频标准采样速率为 48kHz。

2. 量化编码

（1）量化原理

采样把模拟信号变成了时间上离散的脉冲信号，但脉冲的幅度仍然是模拟的，还必须进行离散化处理，才能最终用数码来表示。这就要对幅值进行舍零取整的处理，这个过程称为量化。

设模拟信号的采样值记为 $m(kT)$，其中 T 是采样周期，k 是整数。此采样值仍然是一个取值连续的变量，即它可以有无数个可能的连续取值。若仅用 N 个二进制数字码元来代表此采样值的大小，则 N 个二进制数字码元只能代表 $M = 2^N$ 个不同的采样值。因此必须将采样值的范围划分成 M 个区间，每个区间用一个电平来表示。这样，共有 M 个离散电平，称为量化电平。用这 M 个量化电平表示连续采样值的方法称为量化。具体的量化过程如图 3-14 所示。

图 3-14　量化原理

图中 $m(kT)$ 表示模拟信号的采样值，$m_q(kT)$ 表示量化后的量化信号值，$q_1 \cdots q_7$ 为量化后信号的 7 个可能输出电平，$m_1 \cdots m_6$ 为量化区间的端点。

在原理上，量化过程可以认为是在一个量化器中完成的。量化器的输入信号为 $m(kT)$，输出信号为 $m_q(kT)$，如图 3-15 所示。在实际应用中，量化过程是和后续的编码过程结合在一起完成的，不一定存在独立的量化器。

图 3-15　量化器

这样就实现了用有限个量化电平表示无限个采样值。在图 3-14 中，M 个采样值区间是等间隔划分的，称为均匀量化。若 M 个采样值区间是不均匀划分的，称为非均匀量化。

（2）均匀量化

设模拟采样信号的取值范围在 a 和 b 之间，量化电平数为 M，则均匀量化时的量化间隔为

$$\Delta v = \frac{b-a}{M} \tag{3-20}$$

且量化区间的端点

$$m_i = a + i\Delta v \quad i = 0, 1, \cdots, M \tag{3-21}$$

若量化输出电平 q_i 取为量化间隔的中点，则

$$q_i = \frac{m_i + m_{i-1}}{2} \quad i = 0, 1, \cdots, M \tag{3-22}$$

显然量化输出电平和量化前的采样值一般不同，即量化输出电平有误差，如图 3-14 所示。这个误差称为量化噪声，并用信号功率与量化噪声之比（简称信号量噪比）来衡量此误差对信号影响的大小。对于给定的信号最大幅度，量化电平数越大，量化噪声越小，信号量噪比越高。信号量噪比是量化器的主要指标之一。

在实际应用中，对于给定的量化器，量化电平数 M 和量化间隔 Δv 都是确定的，量化噪声也是确定的。但是信号的强度可能随时间变化，像话音信号就是这样。当信号小时，信号量噪比也小。所以这种均匀量化器对于小输入信号很不利。为了克服这个缺点，改善小信号时的信号量噪比，实际应用中多采用另一种量化方式——非均匀量化。

（3）非均匀量化（最优量化）

信号幅度的概率分布一般是不均匀的，小信号出现的概率远大于大信号。例如，一般情况下负载电流值都小于额定电流值，而且是正弦波形信号。因此可以用一种更为合理的量化方法，即在小信号范围内提供较多的量化级（Δu 为一个小值），而在大信号范围内提供少数的量化级（Δu 为一个大的值），这种技术叫作非均匀量化。当每级发生的概率相同时，非均匀量化系统将更正确地恢复原始信号，使编码信号携带最大信息。在极端情况下，某一级永不出现，那么这一级提供的信息是零。在总量化级保持一定的情况下，非均匀量化系统在较大信号范围内的适应能力优于均匀量化系统。非均匀量化对于测量系统而言保持了相对误差的一致性，即小信号小误差，大信号大误差。

非均匀量化实现的过程如图 3-16 所示。

图 3-16　非均匀量化实现框图

将消息信号通过一个称作压缩器（Compressor）的非线性网络，使信号幅度的分布改变了，最后对压缩信号进行均匀量化，就产生非均匀量化的信号。先对信号压缩，然后再进行均匀量化称作压扩（Companding）。对应的，在接收端需要安装一个与压缩器转移作用相反的设备，以便恢复合适的信号幅度分布，这个设备叫作扩张器（Expander）。

3. 脉冲编码调制

模拟信号经采样、量化后，已经是取值离散的数字信号。下一步进行编码。最常用的编码是用二进制符号"0"和"1"，表示此离散数值。通常把从模拟信号采样、量化，直到变换称为二进制符号的基本过程，称为脉冲编码调制（Pulse Code Modulation，PCM）。

PCM 系统原理框图如图 3-17 所示。在编码器中（图 3-17a），由冲激脉冲对模拟信号进行采样，得到信号采样值，这个值仍是模拟量。在对它量化前，通常采用保持电路将其短暂保存，以便电路有时间对其进行量化。在实际电路中，常把采样和保持电路放在一起，称为采样保持电路。图中的量化器把模拟采样信号变成离散的数字量，然后在编码器中进行二进制编码。这样，每个二进制码组就代表一个量化后的信号采样值。如图 3-17b 中，译码器的原理和编码过程相反。

图 3-17　PCM 系统原理框图

具体给出一个例子，如图 3-18 所示。

图 3-18　模拟信号数字化过程

74

图中模拟信号的采样值为 2.72，4.31，4.48，2.81 和 2.93。若按照"四舍五入"的原则量化为整数值，则采样值量化后变为 3，4，4，3 和 3。按照二进制数编码后，量化值就变成二进制符号 011，100，100，011 和 011。

3.2.2　预测编码

前面介绍的编码方法都是考虑独立的信源序列。霍夫曼编码对于独立多值信源符号很有效；二元序列的游程编码实际上是为了把二值序列转化成多值序列以适应霍夫曼编码；多个二元符号合并成一个符号的方法也有类似的情况。算术码对于独立二元信源序列是很有效的，对于相关信源虽然可采用条件概率来编码而达到高效率，但这样做所引起的复杂度，往往使之难以实现。由信息论可知，对于相关性很强的信源，条件熵可远小于无条件熵，因此人们常采用尽量解除相关性的办法，使信源输出转化为独立序列，以利于进一步压缩码率。

常用的解除相关性的两种措施是预测和变换。它们既适应于离散信源，也可用于连续信源。其实两者都是序列的变换。一般来说，预测有可能完全解除序列的相关性，但必须确知序列的概率特性；变换编码一般只解除向量内部的相关性，但它可有许多可供选择的变换矩阵，以适应不同信源特性。这在信源概率特性未确知或非平稳时可能有利。

本节介绍预测的一般理论和方法。

预测就是从已收到的符号中提取关于未收到的符号的信息，将其最可能的值作为预测值；并对它与实际值之差进行编码，达到进一步压缩码率的目的。由此可见，预测编码是利用信源的相关性来压缩码率的，对于独立信源，预测就没有可能。

预测的理论基础主要是估计理论。估计就是用实验数据组成一个统计量作为某一物理量的估值或预测值。最常见的估计是利用某一物理量在被干扰时所测定的实验值，这些值是随机变量的样值，可根据随机量的概率分布得到一个统计量作为估值。若估值的数学期望等于原来的物理量，就称这种估计为无偏估计；若估值与原物理量之间的均方误差最小，就称之为最佳估计。用来预测时，这种估计就成为最小均方误差的预测，所以也就认为这种预测是最佳的。

要实现最佳预测就需要找到计算预测值的预测函数。设有信源序列 $X = \{x_1, x_2, \cdots x_r, x_{r+1} \cdots\}$。所谓 r 阶预测就是由 $x_1, x_2, \cdots, x_r$ 来预测 x_{r+1}。

令预测值为

$$x'_{r+1} = f(x_1, x_2, \cdots, x_r) \tag{3-23}$$

式中，f 是待定的预测函数。要使预测值具有最小均方误差，必须确知 $r+1$ 个变量（x_1，$x_2, \cdots, x_r, x_{r+1}$）的联合概率密度函数，这在一般情况下是困难的。因而常用线性预测的

方法得到次最佳的结果。线性预测就是预测函数为各已知信源符号的线性函数，即 x_{r+1} 的预测值

$$x'_{r+1} = f(x_1, x_2, \cdots, x_r) = \sum_{s=1}^{r} a_s x_s \qquad (3\text{-}24)$$

并求均方误差

$$D = E(x'_{r+1} - x_{r+1})^2 \qquad (3\text{-}25)$$

最小时的各 a_s 值。可将（3-24）式代入（3-25）式，对各 a_s 取偏导数并置零：

$$\frac{\partial D}{\partial a_s} = -E\left\{\left(x_{r+1} - \sum_{s=1}^{r} a_s x_s\right)x_s\right\} = 0 \qquad (3\text{-}26)$$

只需已知信源各符号之间的相关函数即可进行运算。

最简单的预测是令 $x'_{r+1} = x_r$，这可称为零阶预测，常用的差值预测就属这类。高阶线性预测已在语音编码，尤其是声码器中广泛采用。如果信源是非平稳的或非率性的，无法获得确切和恒定的相关函数，不能构成线性预测函数，则可采用自适应预测的方法。一种常用的自适应预测方法是设预测函数是前几个符号值的线性组合，即令预测函数为

$$x' = \sum_{s=1}^{r} a_s x_{t-r-1-s} \qquad (3\text{-}27)$$

再用已知信源序列来确定各系数 a_s，使该序列所造成的均方误差 D 最小。此时的各系数 a_s 并不能保证对该信源发出的所有序列都适用，只有在平稳序列情况下，这种预测的均方误差可逼近线性预测时的最小值。随着序列的延长，各系数 a_s 可根据以后的 n 个符号值来计算，因而将随序列的延长而变更，也就是可不断适应序列的变化，适用于缓变的非平稳信源序列。

利用预测值来编码的方法可分为两类：一类是用实际值与预测值之差进行编码，也称作差值编码。常用于相关性强的连续信源，也可用于离散信源。在连续信源的情况下，就是对此差值量化或取一组差值进行向量量化。由于相关性很强的信源可较精确地预测待编码的值，这差值的方差将远小于原来的值，所以在同样失真要求下，量化级数可明显地减少，从而较显著地压缩码率。对于离散信源也有类似的情况。

另一类方法是根据差值的大小，决定是否需传送该信源符号。例如，可规定某一可容许值 ε，当差值小于它时可不传送。对于连续函数或相关性很强的信源序列，常有很长一串符号可以不送而只需传送这串符号的个数，这样能大量压缩码率。这类方法一般是按信宿要求设计的，也就是失真应能满足信宿需求。

3.2.3 变换编码

众所周知，信源序列往往具有很强的相关性，要提高信源的效率首先要解除信源的相

关性。解除相关性可以在时域上进行（这就是上节中介绍的预测编码），也可以在频域甚至广义频域内进行，这就是要在本节中介绍的域变换编码。

变换是一个广泛的概念。在通信系统中，经常把信号进行变换以达到某一目的。信源编码实际上就是一种变换，使之能在信道中更有效地传送。变换编码就是将变换后的信号的样值更有效地编码，也就是通过变换来解除或减弱信源符号间的相关性，再将变换后的样值进行标量量化，或采用对于独立信源符号的编码方法，以达到压缩码率的目的。

在信号分析中，对连续的模拟信号，若是周期性的，可采用傅里叶级数展开；若是非周期性的，则可采用傅里叶积分（变换）来表示。无论是级数还是积分，它们都属于一类正交变换，是从时域展开成频域的变换。同理，对离散的数据序列信号也可以引入同样的离散傅里叶变换，而且，还可以进一步将其推广为广义的频域变换。在这一节中，首先从解除相关性的需求入手来寻求最佳的域变换。上一节讨论的在空间和时间域上压缩信源数据冗余量的预测编码的最大特点是直观、简洁、易于实现，特别是容易设计出具有实时性的硬件结构，但其不足在于压缩能力有限。具有更高压缩能力和目前最为成熟的方法是变换编码，特别是正交变换编码方法和目前尚处于研究阶段的小波变换编码，这两种方法都具有很强的数据压缩能力。变换编码的基本原理就是将原来在空间域上描述的信号，通过一种数学变换（例如，傅里叶变换、正交变换等）变换到变换域（如频率域、正交向量空间）中进行描述。简单地讲，即把信号由空间域变换到变换域中，用变换系数来描述。这些变换系数之间的相关性明显下降，并且能量常常集中于低频或低序系数区域中，这样就容易实现码率的压缩，而且远远降低了实现的难度。

1. 卡胡南 – 列夫变换（K – T 变换）

设 X 是一个 $n \times 1$ 的随机变量，则 X 的每个分量 x_i 都是随机变量。X 的平均向量（均值）可以由 L 个样本向量来估计：

$$M_X \approx \frac{1}{L} \sum_{i=1}^{L} x_i \tag{3-28}$$

M_X 协方差矩阵估计值为

$$\Phi_{M_X} = E\left[(X - M_X)(X - M_X)^{\mathrm{T}} \right] \approx \frac{1}{L} \sum_{i=1}^{L} X_i X_i^{\mathrm{T}} - M_X M_X^{\mathrm{T}} \tag{3-29}$$

协方差矩阵是实对称的，对角元素是单个随机变量的方差，非对角元素是它们的协方差。

X 向量经线性变换后产生一个新向量 Y：

$$Y = P(X - M_X) \tag{3-30}$$

式中，P 的各行是 Φ_X 的特征向量。

为了方便起见，以相应的特征值按值由大到小递减的顺序来排列各行，变换得到的 Y 是期望值为零的随机向量，Y 的协方差矩阵为

$$\boldsymbol{\Phi}_Y = P\boldsymbol{\Phi}_X P^{\mathrm{T}} = \begin{pmatrix} \lambda_1 & 0 & \cdots & 0 \\ 0 & \lambda_2 & \cdots & 0 \\ \cdots & \cdots & \cdots & \cdots \\ 0 & 0 & \cdots & \lambda_n \end{pmatrix} \tag{3-31}$$

因为 P 的各行是 $\boldsymbol{\Phi}_X$ 的特征向量，故 $\boldsymbol{\Phi}_Y$ 是一个对角阵，对角元素是 $\boldsymbol{\Phi}_X$ 的特征值，也是 $\boldsymbol{\Phi}_Y$ 的特征值。这就是说，随机向量 $\boldsymbol{\Phi}_Y$ 是由互不相关的随机变量组成的，因此线性变换 P 起到了消除变量间的相关性的作用。换言之，每个特征值都是变换后第 i 个变量 y_i 的方差。通过变换向量 Y 可以重构向量 X：

$$X = P^{-1}Y = P^{\mathrm{T}}Y \tag{3-32}$$

由此可知，要实现正交变换，首先要求出向量 X 的协方差矩阵 $\boldsymbol{\Phi}_X$，再求协方差矩阵的特征值 λ_i，然后求 λ_i 对应的 $\boldsymbol{\Phi}_X$ 的特征向量，用 $\boldsymbol{\Phi}_X$ 特征向量构成正交矩阵 P。可见由特征向量所构成的正交变换是最优的正交变换，又称它为卡胡南 – 列夫（Karhunen – Loeve）变换，简称为 K – L 变换。K – L 变换不但可解除相关性，对正态过程还能使分量独立，有利于信源的压缩，而且还可以忽略一些高阶项，即从 $M+1$ 到 n 的项，而不至于过分影响误差。下面讨论这个问题。

由于 K – L 变换前后的向量的分量个数是相同的，但变换后的各分量与变换前的各分量值是不一样的，变换后出现了许多很小的值。若要压缩数据，就必须删除一些能量较小的分量。删除之后，对剩下的 M 个分量分别进行编码，译码也只能恢复 M 个分量，这时的最小均方误差值为

$$\sigma_{e\min}^2 = \sum_{i=M+1}^{n} \lambda_i \tag{3-33}$$

通过改变 λ_i 次序可得：

$$\lambda_i \geqslant \cdots \geqslant \lambda_M \geqslant \lambda_{M+1} \geqslant \cdots \lambda_n \tag{3-34}$$

即丢弃的高阶项 λ_{M+1} 至 λ_n 是一些最小的项，故误差值最小。

K – L 变换在均方误差准则下是最佳的正交变换，但是由于以下两个主要原因，实际上很少采用。首先，在 K – L 变换中，特征变量与信源统计特性密切相关，即对不同的信源统计特性协方差矩阵应该对应不同的特征值才能达到最佳化，这显然是不大现实的。其次，K – L 变换运算很复杂，而且目前尚无快速算法，所以很少实际应用，通常仅作为一个理论参考。

正因为 K – L 变换实现比较困难，实用意义不大，因而人们将眼光逐步转向寻找准最佳的有实用价值的正交变换。目前已找到不少这类准最佳正交变换，分别是离散傅里叶变换（DFT）、哈尔变换（HRT）、沃尔什 – 哈达玛变换（WHT）、斜变换（SLT）、离散余弦变换

（DCT）、离散正弦变换（DST）等。相比较发现 DCT 和 DST 虽然在理论上不是最优，但在去相关与能量集中性上仅次于 K - L 变换，而且均具有快速算法。

2. DCT 变换

使用 K - L 变换需要知道信源的协方差矩阵，再求出协方差矩阵的特征值和特征向量，然后据此构造正交变换矩阵；但求特征值和特征向量是相当困难的，特别是在高维信源情况下，甚至求不出。即使借助于计算机，也难以满足实时处理的要求。DCT 在压缩效率上略逊于 K - L 变换，但由于其算法的高效性及结构上的规律性，且有快速算法，使它成为 H. 261、JPEG 及 MPEG 等国际标准的主要环节。下面介绍一维 DCT 定义及其算法。

以求和形式表示的一维 DCT 定义为

$$Y(k) = \sqrt{\frac{2}{M}}C(k)\sum_{m=0}^{M-1} x(m)\cos\frac{(2m+1)k\pi}{2M} \quad k = 0,1,2,\cdots,M-1 \qquad (3-35)$$

式中

$$C(k) = \begin{cases} \dfrac{\sqrt{2}}{2} & k = 0 \\ 1 & k = 1,2,\cdots,M-1 \end{cases} \qquad (3-36)$$

离散余弦的反变换（IDCT）的求和形式为

$$x(m) = \sqrt{\frac{2}{M}}C(k)\sum_{m=0}^{M-1} Y(k)\cos\frac{(2m+1)k\pi}{2M} \quad m = 0,1,2,\cdots,M-1 \qquad (3-37)$$

式中

$$C(k) = \begin{cases} \dfrac{\sqrt{2}}{2} & k = 0 \\ 1 & k = 1,2,\cdots,M-1 \end{cases} \qquad (3-38)$$

在离散变换中，最佳变换也是 K - L 变换。其正交向量系和变换矩阵可根据输入向量各分量间的相关系数来求，而不用解积分方程，只需求相关矩阵的特征值和特征向量。容易验证，经过 K - L 变换后输出向量的相关系数为零，即它能完全解除输出向量间的线性相关性，且各分量的方差就是各特征值，它们各不相等，下降很快。在实际编码时，后面几个分量，方差已很小，往往可以不传送，有利于压缩编码。

还有很多离散变换，如正反变换矩阵都相同的离散哈尔变换和离散沃尔什变换；由有限维正交向量系导出的广泛用于电视信号编码的斜变换和多重变换，可把信号分割成多个窄带以解除或减弱信号样值间相关性的子带编码和小波变换等等。在实际应用中，需要根据信源特性来选择变换方法以达到解除相关性、压缩码率的目的。另外还可以根据一些参数来比较各种变换方法的性能优劣，如反映编码效率的编码增益、反映编码质量的块效应系数等。当信源的统计特性很难确知时，可用各种变换分别对信源进行变换编码，然后用实验或计算机仿真来计算这些参数。

3. 3 习题

3-1 设有一个离散无记忆信源

$$\begin{pmatrix} U \\ P(U) \end{pmatrix} = \begin{pmatrix} u_1 & u_2 & u_3 & u_4 & u_5 \\ 0.4 & 0.2 & 0.2 & 0.1 & 0.1 \end{pmatrix}$$

试分别求其二元霍夫曼编码和费诺编码，并求其编码效率。

3-2 设有一个离散无记忆信源

$$\begin{pmatrix} U \\ P(U) \end{pmatrix} = \begin{pmatrix} u_1 & u_2 & u_3 & u_4 & u_5 & u_6 & u_7 \\ 0.20 & 0.19 & 0.15 & 0.14 & 0.12 & 0.10 & 0.10 \end{pmatrix}$$

试求：

(1) 信源符号熵 $H(U)$。

(2) 相应二元霍夫曼编码及其编码效率。

(3) 相应三元霍夫曼编码及其编码效率。

3-3 设有一离散无记忆信源

$$\begin{pmatrix} U \\ P(U) \end{pmatrix} = \begin{pmatrix} u_1 & u_2 & u_3 & u_4 & u_5 & u_6 & u_7 & u_8 \\ 0.3 & 0.2 & 0.15 & 0.15 & 0.05 & 0.05 & 0.05 & 0.05 \end{pmatrix}$$

试对该信源进行三元霍夫曼编码。要求用两种方法，使得它们有相同的最小平均码长但方差不相同，并说明哪种编码方法实用性更好。

3-4 设有一个离散无记忆信源

$$\begin{pmatrix} U \\ P(U) \end{pmatrix} = \begin{pmatrix} u_1 & u_2 & u_3 & u_4 & u_5 & u_6 & u_7 \\ 0.20 & 0.19 & 0.18 & 0.17 & 0.15 & 0.10 & 0.01 \end{pmatrix}$$

对其进行二进制香农编码。

3-5 对 3-4 给出的离散信源进行二进制费诺编码。

3-6 设有一页传真文件，其中某一行上的像素点如下所示：

$$200W, \ 10B, \ 10W, \ 84B, \ 1424W$$

(1) 用修正霍夫曼编码对该扫描行进行编码。

(2) 计算编码后的总比特数。

(3) 计算本行编码压缩比。

3-7 对离散无记忆信源

$$\begin{pmatrix} U \\ P(U) \end{pmatrix} = \begin{pmatrix} A & B & C \\ 0.5 & 0.3 & 0.2 \end{pmatrix}$$

试应用算术编码方法对序列 C A B A 进行编码，并对结果进行译码。

3-8　设一离散无记忆信源

$$\begin{pmatrix} U \\ P(U) \end{pmatrix} = \begin{pmatrix} 0 & 1 \\ 0.6 & 0.4 \end{pmatrix}$$

已知信源序列为 1 1 0 1 1 1 0 0 1 1 …。

（1）对此序列进行算术编码。

（2）若将 0、1 符号概率近似取为 $P_0 = 0.25$，$P_1 = 0.75$，对其进行算术编码。

（3）计算编码效率。

（4）对编码结果利用比较法写出译码过程。

3-9　用 Lempel – Ziv 算法对输入数据流 00001011001110000100110111 进行编码。

3-10　已知一基带信号 $m(t) = \cos 2\pi t + 2\cos 4\pi t$，对其进行理想采样：

（1）为了在接收端能不失真地从已采样信号 $m_s(t)$ 中恢复 $m(t)$，试问采样间隔应如何选择？

（2）若采样间隔取为 $0.2s$，试画出已采样信号的频谱图。

3-11　已知信号 $m(t)$ 的最高频率为 f_m，由矩形脉冲对其进行瞬时采样，矩形脉冲的宽度为 2τ、幅度为 1，试确定已采样信号及其频谱表达式。

3-12　设信号 $m(t) = 9 + A\cos\omega t$，其中 $A \leqslant 10V$。若 $m(t)$ 被均匀量化为 40 个电平，试确定所需的二进制码组的位数 N 和量化间隔 Δv。

第4章　线性分组码

数字信号在传输过程中始终会受到加性高斯白噪声（AWGN，Additive White Gaussian Noise）的影响，此外还可能会受到干扰和衰落等不利因素的影响，从而在接收机处可能会发生错误判决，导致系统的误码率增大。信道编码（Channel Coding）也叫作差错控制编码（Error Control Coding），是为了降低系统误码率而进行的一种特殊信号变换，其目的是通过该变换使得发射信号能够更好地抵抗例如噪声、干扰和衰落等因素导致的各种信道损伤，从而改善通信系统的误码率性能。

4.1　数字通信中的编码信道

一个完整的点到点数字通信系统的基本结构如图 4-1 所示。图中没有背景色的模块是每个数字通信系统中必有的模块，而有背景色的模块在所有系统中则不一定都会出现。此外注意此图中的数字调制采用了广义调制的概念，既可能包括基带调制也可能包括带通调制。

将发送端调制器输出端至接收端解调器输入端之间的部分称为调制信道，而将信道编码器输出端至信道译码器输入端之间的部分称为编码信道。在研究各种调制方式的性能时采用调制信道的模型比较方便，而在研究不同差错控制编码性能时采用编码信道模型则比较合适。

图 4-1　点到点数字通信系统的基本结构

从信道编码的角度来看，按照错码分布规律的不同，编码信道可以分为三类：随机信道（random channel）、突发信道（burst channel）和混合信道（mixed channel）。在无记忆信道中，噪声独立随机地影响着每个传输码元，因此在接收到的码元序列中的错误是独立随机出现的。以高斯白噪声为主体的信道均属于该类信道，例如太空信道、卫星信道、同轴电缆、光缆信道以及大多数视距微波接力信道等。在有记忆信道中，噪声、干扰的影响往往是前后相关的，错码是成串集中出现的，即在一些短促的时间段内会出现大量错码，一般在编码中称这类信道为突发信道。实际的衰落信道、码间干扰信道均属于该类信道，例如短波信道、移动通信信道、散射信道等。既存在随机错误又存在突发错误，且两种错误都不能忽略不计的信道称为混合信道。

4.2 差错控制系统的基本概念

4.2.1 差错控制的方式

在数字通信系统中，利用信道编码进行差错控制的方式大致有以下几类：

（1）重传反馈方式（Automatic Repeat Query，ARQ）

发送端发出能够检测错误的码，接收端收到经过信道传输来的码后，译码器根据该码的编码规则，判决收到的码字序列中有无错误产生，并通过反馈信道把判决结果用判决信号告诉发送端。接着，发送端根据这些判决信号，再次传送接收端认为有错的消息，直到接收端认为正确接收为止。

显然，应用 ARQ 方式需要有反馈信道，且要求收发两端的配合与协作，因此这种方式的控制电路比较复杂，一般只适用于点对点通信。如果信道较差，该系统可能会经常处于重发消息的状态，因此消息传送的连贯性与实时性较差。

该方式的优点是：编译码设备比较简单；通常在相同的符号冗余度下检错码的检错能力比纠错码的纠错能力要高得多，因而该系统的纠错能力极强；由于检错码的检错能力与信道干扰的变化基本无关，因此该系统的适应性很强，特别适用于短波、散射、有线等干扰情况特别复杂的信道中。

（2）前向纠错方式（Forward Error Correction，FEC）

发送端发送能够被纠错的码，接收端收到这些码后，通过纠错译码器不仅能自动发现错误，而且在一定的纠错能力之内，可以自动纠正接收码字中由传输引起的错误。

这种方式的优点是不需要反馈信道，因此能进行一个用户对多个用户的同播通信，译码实时性较好，控制电路比 ARQ 的简单。其缺点是译码设备比较复杂，所选用的纠错码必须与信道的干扰情况匹配，因而对信道的适应性较差。为了获得较低的误码率，往往需要以最坏的信道条件来设计纠错码，故所需的冗余符号比检错码要多不少，因此编码效率很低。但由于这种方式能同播，特别适用于军用通信，并且随着编码理论的发展和编译码设备所需的大规模集成电路成本的不断降低，译码设备的实现越来越简单，并且成本越来越低，因而在实际的数字通信中逐渐得到了广泛应用。

（3）混合方式（Hybrid Error Correction，HEC）

发送端发送的码不仅能够被检测出错误，而且还具有一定的纠错能力。接收端收到码序列以后，首先检验错误情况，如果在纠错码的纠错能力之内，则自动进行纠错；如果错误很多，超过了码的纠错能力，但能检测出来，则接收端通过反馈信道要求发送端重新传送有错的消息。这种方式在一定程度上避免了 FEC 方式要求复杂的译码设备以及 ARQ 方式信息连贯性差的缺点，并能达到较低的误码率，因此应用越来越广。

为了便于比较，上述几种方式可以用图 4-2 中的框图来表示，图中有斜线的方框表示在该端检测出了错误。

图 4-2　差错控制的基本方式

4.2.2　信道编码的分类

一般来讲，在差错控制系统中所用到的编码技术主要包括能在译码器端自动发现错误的检错码（Error Detection Code）、不仅能够发现错误而且能够自动纠正错误的纠错码（Error Correction Code）以及能够纠正删除错误的纠删码（Erasure Correction Code）。但这三类码之间并没有明显的界限，事实上任何一种码按照译码方法不同，均可以作为检错码、纠错码或纠删码来使用。

此外，单就纠错码而言，通常会有以下分类方式。

（1）按照对消息符号处理方法的不同，可以分为分组码（Block Code）和卷积码（Convolutional Code）两大类。

分组码的结构可以用 n 和 k 两个整数来进行描述。编码器将信源输出的消息以 k 个符号为单位划分为一组，然后将每组中的 k 个消息符号按照某种规则生成 r 个校验符号（或称监督符号）并附加在消息符号之后，最后输出一个长度为 $n = k + r$ 个符号的码字（codeword）。每个码字中的校验符号只与本码字中的消息符号有关，而与其他码字无关，因此，分组码常用 (n, k) 来表示，其中 n 表示码长，k 表示每个码字中消息符号的个数。此外，按照分组码中码字的结构特点，又可以分为循环码与非循环码。

卷积码的结构需要用 n、k 和 K 三个整数来进行描述。编码器仍将信源输出的消息以 k 个符号为单位划分为一段，并按照某种规则将其映射为一个长度为 n 的码字（$n \geqslant k$），但是和分组码不同的是，该码字中的校验符号不仅与当前输入的消息符号有关，而且也与之前的 $K-1$ 个消息符号分组有关，因此卷积码编码器具有记忆特性。

（2）按照校验码元与消息码元之间的关系，可以分为线性码（Linear Code）和非线性码（Non-linear Code）。

如果校验符号与消息符号之间的关系是线性关系（满足线性叠加原理），则称为线性码，否则称为非线性码。由于非线性码的分析非常困难，实现较为复杂，且没有形成严密完整的理论体系，因此下面主要讨论线性码。

（3）按照每个符号的取值不同，可以分为二进制码和 q 进制码（$q=p^m$，p 为素数，m 为正整数）。

（4）按照纠正错误的类型，可以分为纠正随机（独立）错误的码、纠正突发错误的码、纠正同步错误的码、以及既能纠正随机错误又能纠正突发错误的码。

（5）按照对每个消息码元保护能力是否相等，可以分为等保护纠错码和不等保护（Unequal Error Protection，UEP）纠错码。

4.2.3　分组码的基本概念

本章后续内容主要讨论分组码，因此接下来对分组码的结构特点与检纠错能力进行分析。由前面的介绍可知，(n, k) 分组码的编码器会将每个 k 长的消息分组添加校验符号之后映射为一个 n 长的码字，因此显然 $n>k$。如果符号的取值为 q 进制数，则 k 长的消息分组共有 q^k 个，因此对应的输出码字也会有 q^k 个。但是实际上，n 长的 q 进制分组共有 q^n 个，所谓编码就是要在 q^n 个可能性中选取 q^k 个许用码字来与不同的消息分组一一对应，而称其余 q^n-q^k 个 n 长的 q 进制分组为禁用码组。

对于某个 (n, k) 分组码，称 $R=\dfrac{k}{n}$ 为该码的码率（Code Rate），表示消息符号的个数在码字中所占的比重。显然 R 是衡量分组码有效性的一个基本参数，并且因为 $n>k$ 所以有 $R<1$。码字 $z=(z_1, z_2, \cdots, z_{n-1}, z_n)$ 中非零符号的个数称为该码字的汉明重量（Hamming Weight），简称重量，用 $w(z)$ 来表示。两个 n 长的码字 $x=(x_1, x_2, \cdots, x_{n-1}, x_n)$ 和 $y=(y_1, y_2, \cdots, y_{n-1}, y_n)$ 之间对应位置取值不同的个数称为两个码字之间的汉明距离（Hamming Distance），简称距离，用 $d(x, y)$ 来表示。

对于二进制分组码而言，两个码字之间的汉明距离实际上就是两个码字模 2 加（异或）结果的汉明重量，即

$$d(x,y)=w(\operatorname{xor}(x,y))=w(x\oplus y) \tag{4-1}$$

【例 4-1】设某分组码的两个码字分别为 $c_1=(10111101)$ 和 $c_2=(01110101)$，求两个

码字各自的汉明重量以及它们之间的汉明距离。

【解】根据定义，易知码字 c_1 和 c_2 的汉明重量分别为 $w(c_1) = 6$ 和 $w(c_2) = 5$，而二者之间对应位置取值不同的个数为 3，所以两个码字之间的汉明距离为

$$d(c_1, c_2) = 3$$

容易验证，$c_1 \oplus c_2 = (11001000)$，于是可得

$$d(c_1, c_2) = w(c_1 \oplus c_2) = 3$$

如果将某 (n, k) 分组码中所有许用码字构成的集合记作 C，则称任意两个码字之间距离的最小值为该分组码 C 的最小汉明距离 $d_{\min}$，简称最小码距（Minimum Distance），即

$$d_{\min} = \min_{x, y \in C} d(x, y) \tag{4-2}$$

4.2.4 分组码的译码准则

在数字通信系统的接收端，信道译码器在收到接收向量 r 之后，需要进行译码从而得到发送码字向量 c_i 的估计结果。利用检测与估计理论，可以证明信道译码器的最优译码准则是最大后验概率译码，该准则在发送码字先验等概的前提下等效于最大似然译码（MLD，Maximum Likelihood Decoding）准则，即将 r 译码为

$$c_i = \underset{c_i \in C}{\operatorname{argmax}} \Pr\{r | c_i\} \tag{4-3}$$

式中 C 是由所有许用码字构成的集合。

对于离散无记忆信道（Discrete Memoryless Channel，DMC），只要错误转移概率 $p < 0.5$，则最大似然译码准则会等效于最小距离译码（Minimum Distance Decoding，MDD）准则，即将 r 译码为

$$c_i = \underset{c_i \in C}{\operatorname{argmin}} d(r, c_i) \tag{4-4}$$

因为对于接收向量 r，如果其与 C 中某一码字向量 c_i 之间的汉明距离记为 d，即

$$d(r, c_i) = d \tag{4-5}$$

则

$$\Pr\{r | c_i\} = p^d (1-p)^{n-d} = (1-p)^n \left(\frac{p}{1-p}\right)^d \tag{4-6}$$

由上式显然可知，只要 $p < 0.5$，则 $\Pr\{r | c_i\}$ 是 d 的单调递减函数，因此只要找到 $d = d_{\min}$ 的那个码字向量 c_i，便是能使 $\Pr\{r | c_i\}$ 最大的译码结果。

4.2.5 简单的分组码

（1）重复码（Repetition Code）

重复码是指具有参数 $(n, 1)$ 的分组码，也就说 n 长的码字中只有一个消息符号，而

其他 $n-1$ 个都是校验符号，且均是消息符号取值的重复。因此，该码只有两个许用码字，其中一个为全 0 码字，另一个为全 1 码字。显然，该码的最小码距为 $d_{\min}=n$，码率为

$$R = \frac{1}{n} \tag{4-7}$$

（2）奇偶检验码（Parity – Check Code）

奇偶校验码是具有参数（n，$n-1$）的分组码，该码的码字可以表示为（p，m_1，m_2，$\cdots$，m_{n-1}），其中 p 为校验符号，m_1，m_2，$\cdots$，m_{n-1} 为 $n-1$ 个消息符号，它们之间的关系可以表示为

$$m_1 + m_2 + \cdots + m_{n-1} + p = 0 \tag{4-8}$$

或

$$m_1 + m_2 + \cdots + m_{n-1} + p = 1 \tag{4-9}$$

其中，式（4-8）保证每个码字中 1 的个数为偶数，故满足此式的校验码为偶校验码（Even – Parity Code）；式（4-9）保证码字中 1 的个数为奇数，故满足此式的校验码为奇校验码（Odd – Parity Code）。显然，奇偶检验码的码率为

$$R = \frac{n-1}{n} \tag{4-10}$$

在接收端，译码器通过检测每个码字中所有符号的和是不是 0（或 1）来判断传输过程中是否发生了错误。但是，奇偶检验码只能用于检错，且只能检测出所有奇数个错误。

【例 4-2】给出（4，3）偶检验码的所有码字。如果该码通过错误转移概率为 $p=0.01$ 的二进制对称信道传输，求该码不能检测出错误的概率。

【解】显然，该码共有 $2^3 = 8$ 个码字，消息向量（m_1，m_2，m_3）与码字向量（p，m_1，m_2，m_3）之间的对应关系如表 4-1 所示。

表 4-1　（4，3）偶校验码

（m_1，m_2，m_3）	（p，m_1，m_2，m_3）
000	0000
001	1001
010	1010
100	1100
011	0011
110	0110
101	0101
111	1111

显然，该码可以检测出所有 1 个和 3 个错误，因此该码不能检测出错误的概率为

$$P_{nd} = C_4^2 p^2 (1-p)^2 + C_4^4 p^4 = 5.88 \times 10^{-4}$$

（3）二维奇偶检验码（Two – Dimensional Parity – Check Code）

二维奇偶检验码也称作方阵码（Rectangle Code）或乘积码（Product Code）。该码首先将消息符号序列排列成一个 M 行 N 列的方阵，然后在每一行后面加上 1 位水平校验符号，在每一列的下面加上 1 位垂直校验符号，这样得到的 $M+1$ 行 $N+1$ 列方阵便构成了一个码字，因此，该码的码率为

$$R = \frac{MN}{(M+1)(N+1)} \tag{4-11}$$

显然，码字方阵中发生 1 个符号错误的时候会导致该符号所在的行和列均校验失败，而该行和该列的交叉点便是发生错误的位置，因此该码可以纠正 1 位错误。例如对于一个 (36，25) 二维奇偶校验码，该码的三个码字实例如图 4-3 所示。

图 4-3　(36，25) 二维奇偶校验码的码字

（4）恒比码（Constant Ratio Code）

该码的所有码字中均含有相同数目的 1 和 0，因而得名。在接收端只要检测每个码字中 1 的个数，便可以判断是否发生了错误。因为码字中 1 的个数称为该码字的重量，所以该码也称作等重码。

恒比码不是线性码，其最大的优点是简单，主要用于传输电传机或其他键盘设备产生的字母和符号。

（5）群计数码

该码在编码时首先计算消息向量中 1 的个数，然后用二进制数表示这个数目并作为监督位附在消息符号后面。例如要传输的消息向量为 11101，那么监督位应该是 100（十进制的 4），编出的群计数码为 11101100。显然，该码除了能发现所有奇数个错误之外，还可以发现一些偶数个错误。在消息符号中，除了 0 变为 1 和 1 变为 0 成对出现外，所有其他形式的错码都会使得消息符号中 1 的数目与监督位指示的数字不符，所以该码的检错能力较强。

4.2.6　编码增益的概念

根据前面讨论的信道编码的原理可知，为了减少接收符号中误码的数量，需要在发送消息符号序列中加入监督符号，这样会使发送序列增长，冗余度增大。若仍要保持发送消息符号速率不变，则传输速率必须增大，因而增大了系统带宽。系统带宽的增大将引起系统中噪声功率增大，使信噪比下降。信噪比的下降反而又使得系统接收符号序列中的错码

增多。

一般来讲,采用信道编码之后,通信系统在正常信噪比范围内的误码率总是能够得到较大的改善,改善的程度和所用的具体编码方式有关。图 4-4 给出了某数字通信系统在使用信道编码前后的误码率性能,可以发现对于绝大部分信噪比取值范围,编码后的误码率明显小于编码前的误码率,例如当信噪比为 14dB 时,误码率从编码前的 A 点下降到了编码后的 B 点。此外还可以发现,在保持某个误码率的前提下,编码后的信噪比小于编码前的信噪比,例如对于误码率 10^{-5},未采用信道编码时需要的信噪比约为 17dB,而在采用信道编码之后需要的信噪比约为 14dB,二者的差值 3dB 称为该编码方法的编码增益(Coding Gain)。

图 4-4 信道编码和误码率的关系

4.3 线性分组码

线性分组码是最为重要的一类信道编码技术,它是讨论其他各类码的基础。线性分组码是指具备线性性质的分组码,该类编码在过去几十年得到了深入的研究并取得了丰富的研究成果。线性分组码的线性性质保证了这类码比较容易分析和实现,并且线性分组码的性能和一般分组码的性能相似,因此得到了更为广泛的应用。

线性分组码可以用 (n, k) 的形式来描述,编码器负责将长度为 k 个符号的消息分组(消息向量)变换为长度为 n 个符号的码字分组(码字向量),其中 $k < n$。如果构成码字的符号只取自两个元素(0 和 1)构成的集合,则称该码为二进制码。下面的内容若不另外声明,均限于对二进制码的讨论。

对于二进制码,为了方便描述,可以将 k 比特长的消息分组简称为 k 元组(k –

tuples），将 n 比特长的码字分组简称为 n 元组（$n-$tuples），显然一共可以形成 2^k 个不同的消息向量和 2^n 个不同的码字向量。分组编码器的工作就是要将每一个 k 元组（消息分组）变换为一个 n 元组（码字分组），实现 2^k 个消息向量分别到 2^k 个码字向量的映射。对于线性编码而言，这种映射应该为线性变换。

4.3.1 向量空间

所有二进制 n 元组构成的集合称为一个二进制域（包括 0 和 1 两个元素）上的向量空间，常记作 V_n。二进制域中的元素之间只有加法"$\oplus$"和乘法"$\cdot$"两种运算，并且运算的结果仍然在二进制域中，两种运算的规则如表 4-2 所示。

表 4-2　二进制域中的运算

加法	乘法
$0 \oplus 0 = 0$	$0 \cdot 0 = 0$
$0 \oplus 1 = 1$	$0 \cdot 1 = 0$
$1 \oplus 0 = 1$	$1 \cdot 0 = 0$
$1 \oplus 1 = 0$	$1 \cdot 1 = 1$

上表中用了符号"$\oplus$"来表示模 2 加法运算，本书后面为了方便起见，在不混淆的情况下改用符号"＋"来表示。

4.3.2 线性分组码的结构

向量空间 V_n 的一个子集 S 如果满足下列两个条件，则称 S 为 V_n 的一个子空间：

1）S 中包含全零向量。

2）S 中任意两个向量的和仍然在 S 内（封闭性质）。

上面两个条件对于理解线性分组码的代数性质非常重要。假设 V_i 和 V_j 是某（n，k）二进制分组码中的两个码字向量，则该（n，k）码是线性码的充要条件是 $V_i + V_j$ 也为该码的许用码字向量。线性分组码构成一个子空间，该子空间之外的向量不能通过许用码字向量（子空间中的元素）的加法运算来得到。例如，向量空间 V_4 中共包括下列 $2^4 = 16$ 个 4 元组：

　　　　0000　0001　0010　0010　0100　1000　1001　1010

　　　　1100　0101　0110　0011　1101　1110　0111　1111

显然，下列元素构成的子集 S 是 V_4 的一个子空间：

　　　　0000　0101　1010　1111

容易验证子集 S 中任意两个向量的和仍然是 S 中的一个向量。

总之，2^k 个 n 元组构成的集合 $\mathcal{C}$ 是一个（n，k）线性分组码的充要条件是该集合 $\mathcal{C}$ 为向量空间 V_n（包括所有的 n 元组）的一个子空间。这样，对于二进制编码而言，线性分组码是由 2^k 个长度为 n 的二进制向量组成的码字集合 $\mathcal{C}$，且对于任意两个码字向量 $\boldsymbol{c}_1$，$\boldsymbol{c}_2 \in \mathcal{C}$ 均有 $\boldsymbol{c}_1 + \boldsymbol{c}_2 \in \mathcal{C}$，显然零向量 $\boldsymbol{0}$ 将会是任意线性分组码中的一个合法码字向量。由式（4-1）可知 $d(\boldsymbol{c}_1, \boldsymbol{c}_2) = w(\boldsymbol{c}_1 + \boldsymbol{c}_2)$，而 $\boldsymbol{c}_1 + \boldsymbol{c}_2$ 也是一个合法码字，于是对于线性分组码而言，码字重量和码字之间的距离存在一一对应的关系。

对于线性分组码 $\mathcal{C}$，定义所有非零码字中重量的最小值为该码的最小重量 $w_{\min}$，即

$$w_{\min} = \min_{\substack{\boldsymbol{c} \in \mathcal{C} \\ \boldsymbol{c} \neq \boldsymbol{0}}} w(\boldsymbol{c}) \tag{4-12}$$

显然，线性分组码的最小重量与最小码距相等，即 $w_{\min} = d_{\min}$。

线性分组码背后的结构可以用图 4-5 所示的几何结构来类比，2^n 个 n 元组（图中所有圆点与方点）构成了向量空间 V_n，而该向量空间内的 2^k 个 n 元组（图中方点）构成了一个码字向量子空间，分散在数量众多的 2^n 个点中的 2^k 个方点代表了合法码字（又称许用码字）。编码器将输入的一个消息向量编码为 2^k 个许用码字之一然后进行传输，因为信道中会存在噪声和干扰的影响，

图 4-5　线性分组码的结构

因此接收端可能会收到扰乱后的码字（即变为向量空间 V_n 中其他某个点），如果该扰乱后的向量不是太不像发送的许用码字（离发送码字的方点不是太远），译码器便能进行正确的译码。显然，选择编码方案的基本目标如下：

1）为了提高编码效率，应该在向量空间 V_n 中安排尽可能多的码字向量，这样才能减小码字向量中的冗余度。

2）许用码字之间的距离要尽可能远，这样，即使发送码字在传输过程中受到扰乱，仍然能够以较高的概率实现正确译码。

接下来以（6，3）码为例来说明线性分组码的结构。该码共有 $2^3 = 8$ 个消息向量，因此共有 8 个码字，但是在向量空间 V_6 中共有 $2^6 = 64$ 个 6 元组，所以需要在 64 个 6 元组中选择 8 个来构成（6，3）码的所有许用码字。显然，表 4-3 中的 8 个码字构成了向量空间 V_6 的一个子空间，因此这些码字就构成了一个（6，3）线性分组码。

表 4-3 （6，3）线性分组码的码字

消息向量	码字
$m_1 = （000）$	$c_1 = （000000）$
$m_2 = （100）$	$c_2 = （110100）$
$m_3 = （010）$	$c_3 = （011010）$
$m_4 = （110）$	$c_4 = （101110）$
$m_5 = （001）$	$c_5 = （101001）$
$m_6 = （101）$	$c_6 = （011101）$
$m_7 = （011）$	$c_7 = （110011）$
$m_8 = （111）$	$c_8 = （000111）$

4.3.3 生成矩阵

对于线性分组码，利用前述的方法可以建立消息向量与码字之间的对应关系，并可以用类似于表格的结构存储下来，这样编码器便可以通过查表的方法来实现对不同消息向量的编码操作。如果 k 的取值较大，则利用查表法实现编码器的复杂度会非常巨大，以 （127，92）码为例，该码共有 2^{92} （约为 5×10^{27}）个码字，此时如果仍使用简单的查表法来进行编码的话，会对计算机的内存空间提出巨大需求，因此需要寻找更为实用的编码实现方法，实际上，可以通过按需生成而非存储所有码字的方法来减小编码过程的复杂度。

因为一个线性分组码的码字集合是二进制 n 维向量空间的一个 k 维子空间（$k < n$），所以通常可以找到少于 2^k 个的 n 元组构成的集合，该集合中的向量可以生成所有的 2^k 个码字，此时称这些向量张成了一个子空间，张成该子空间的最小线性独立集合称为子空间的基，而其中包含的向量个数称为子空间的维数。由 k 个线性独立的 n 元组向量 V_1，V_2，$\cdots$，V_k 组成的集合构成一个基，因为每一个码字都是 V_1，V_2，$\cdots$，V_k 的线性组合，所以可以使用这些向量来生成所需的线性分组码，即 2^k 个码字中的每一个码字均可以表示为

$$U = m_1 V_1 + m_2 V_2 + \cdots + m_k V_k \tag{4-13}$$

式中，m_i（取值为 0 或 1）为消息比特，$i = 1$，2，$\cdots$，k。

通常，可以把下述 $k \times n$ 矩阵定义为生成矩阵（Generator Matrix）

$$G = \begin{pmatrix} V_1 \\ V_2 \\ \vdots \\ V_k \end{pmatrix} = \begin{pmatrix} v_{11} & v_{12} & \cdots & v_{1n} \\ v_{21} & v_{22} & \cdots & v_{2n} \\ \vdots & & & \\ v_{k1} & v_{k2} & \cdots & v_{kn} \end{pmatrix} \tag{4-14}$$

而由 k 个比特组成的消息序列可以表示为如下的行向量

$$m = (m_1, m_2, \cdots, m_k) \tag{4-15}$$

这样，码字向量 $c = (c_1, c_2, \cdots, c_n)$ 可以通过 m 和 G 的相乘来得到，即

$$c = mG \tag{4-16}$$

【例 4-3】确定表 4-3 中（6，3）线性分组码的生成矩阵。

【解】选取下列 3 个线性独立的码字向量 $V_1 = (110100)$、$V_2 = (011010)$、$V_3 = (101001)$ 来构成生成矩阵：

$$G = \begin{pmatrix} V_1 \\ V_2 \\ V_3 \end{pmatrix} = \begin{pmatrix} 1 & 1 & 0 & 1 & 0 & 0 \\ 0 & 1 & 1 & 0 & 1 & 0 \\ 1 & 0 & 1 & 0 & 0 & 1 \end{pmatrix}$$

这样，使用该生成矩阵便可以生成表 4-3 中的所有码字，例如：

$$c_7 = m_7 G = (011) \begin{pmatrix} 1 & 1 & 0 & 1 & 0 & 0 \\ 0 & 1 & 1 & 0 & 1 & 0 \\ 1 & 0 & 1 & 0 & 0 & 1 \end{pmatrix} = (110011)$$

$$c_8 = m_8 G = (111) \begin{pmatrix} 1 & 1 & 0 & 1 & 0 & 0 \\ 0 & 1 & 1 & 0 & 1 & 0 \\ 1 & 0 & 1 & 0 & 0 & 1 \end{pmatrix} = (000111)$$

其他码字也可以通过同样的方法得到。

显然，码字向量是生成矩阵 G 行向量的线性组合。因为一个线性分组码可以由其生成矩阵 G 来完全确定，因此编码器仅需要存储 G 的 k 个行向量，而不必存储所有的 2^k 个码字向量。对于本例而言，相比于表 4-3 中显示的 8×6 码字向量矩阵，编码器仅需要存储 3×6 的生成矩阵，这可以显著降低编码器的复杂度。

4.3.4 系统线性分组码

系统线性分组码（n，k）是指生成的码字向量中有连续 k 位的内容与消息向量完全一样，而剩下的 $n-k$ 位表示校验比特。系统线性分组码的生成矩阵具有如下形式

$$G = \begin{bmatrix} P & I_k \end{bmatrix} = \begin{pmatrix} p_{11} & p_{12} & \cdots & p_{1,(n-k)} & 1 & 0 & \cdots & 0 \\ p_{21} & p_{22} & \cdots & p_{2,(n-k)} & 0 & 1 & \cdots & 0 \\ \vdots & & & & & & & \vdots \\ p_{k1} & p_{k2} & \cdots & p_{k,(n-k)} & 0 & 0 & 0 & 1 \end{pmatrix} \tag{4-17}$$

式中，P 是生成矩阵的校验阵列（Parity Array）部分，I_k 是 $k \times k$ 的单位矩阵，$p_{ij} = 0$ 或 1，$i = 1$，2，$\cdots$，k，$j = 1$，2，$\cdots$，$n-k$。通过使用这种系统形式的生成矩阵，可以进一步减小编码器的复杂性，因为此时不再需要存储生成矩阵中单位矩阵（即 I_k）部分的内容。

将式（4-17）带入式（4-16），可得系统形式的码字 $\boldsymbol{c} = (c_1,\ c_2,\ \cdots,\ c_n)$ 的生成公式为

$$\boldsymbol{c} = (m_1, m_2, \cdots, m_k) \begin{pmatrix} p_{11} & p_{12} & \cdots & p_{1,(n-k)} & 1 & 0 & \cdots & 0 \\ p_{21} & p_{22} & \cdots & p_{2,(n-k)} & 0 & 1 & \cdots & 0 \\ \vdots & & & & & & & \vdots \\ p_{k1} & p_{k2} & \cdots & p_{k,(n-k)} & 0 & 0 & 0 & 1 \end{pmatrix} \tag{4-18}$$

所以可得

$$c_i = \begin{cases} m_1 p_{1i} + m_2 p_{2i} + \cdots + m_k p_{ki}, & i = 1,\ 2,\ \cdots,\ (n-k) \\ m_{i-n+k}, & i = (n-k+1),\ \cdots,\ n \end{cases} \tag{4-19}$$

于是

$$\boldsymbol{c} = (c_1,\ c_2,\ \cdots,\ c_n) = (\underbrace{p_1, p_2, \cdots, p_{n-k}}_{\text{校验比特}}, \underbrace{m_1, m_2, \cdots, m_k}_{\text{消息比特}}) \tag{4-20}$$

系统码有时也会采用消息比特在码字左端而校验比特在码字右端的形式。不过，两种结构的系统码在差错检测与纠正能力方面并没有什么区别。

【**例 4-4**】给出表 4-3 中 $(6, 3)$ 线性分组码的码字生成公式。

【**解**】因为在例 4-3 中已经给出了该码的生成矩阵，因此该码的码字可以如下生成：

$$\boldsymbol{c} = (c_1, c_2, c_3, c_4, c_5, c_6) = (m_1, m_2, m_3) \begin{pmatrix} 1 & 1 & 0 & 1 & 0 & 0 \\ 0 & 1 & 1 & 0 & 1 & 0 \\ 1 & 0 & 1 & 0 & 0 & 1 \end{pmatrix}$$

$$= (\underbrace{m_1 + m_3}_{c_1},\ \underbrace{m_1 + m_2}_{c_2},\ \underbrace{m_2 + m_3}_{c_3},\ \underbrace{m_1}_{c_4},\ \underbrace{m_2}_{c_5},\ \underbrace{m_3}_{c_6})$$

显然，利用上式得到的码字为系统码。

4.3.5　监督矩阵

接下来讨论线性分组码的监督矩阵（Parity–Check Matrix）$\boldsymbol{H}$，它可以用来译码。对于每个 $k \times n$ 的生成矩阵 $\boldsymbol{G}$，一定存在一个 $(n-k) \times n$ 的矩阵 $\boldsymbol{H}$，该矩阵的行向量与生成矩阵 $\boldsymbol{G}$ 的行向量正交，即

$$\boldsymbol{G}\boldsymbol{H}^{\mathrm{T}} = \boldsymbol{0} \tag{4-21}$$

式中，$\boldsymbol{H}^{\mathrm{T}}$ 是 $\boldsymbol{H}$ 的转置矩阵，$\boldsymbol{0}$ 是一个 $k \times (n-k)$ 的全零矩阵。于是，对于该码的任意一个码字 $\boldsymbol{c}$，均有

$$\boldsymbol{c}\boldsymbol{H}^{\mathrm{T}} = \boldsymbol{m}\boldsymbol{G}\boldsymbol{H}^{\mathrm{T}} = \boldsymbol{0} \tag{4-22}$$

式中，$\boldsymbol{0}$ 是一个 $1 \times (n-k)$ 的全零向量。上式可以用来检验一个接收向量是否为一个合法的

码字：判断码字 c 是由矩阵 G 生成的充要条件为 $cH^{\mathrm{T}} = 0$。

对于生成矩阵为 $G = [P \ I_k]$ 的系统码而言，为了保证与生成矩阵 G 正交，监督矩阵 H 显然应具有如下结构

$$H = [I_{n-k} \ P^{\mathrm{T}}] \tag{4-23}$$

【例 4-5】给出表 4-3 中（6，3）码的监督矩阵，并验证 $cH^{\mathrm{T}} = 0$。

【解】由例 4-3 可知该码的生成矩阵为

$$G = [P \ I_3] = \begin{pmatrix} 1 & 1 & 0 & 1 & 0 & 0 \\ 0 & 1 & 1 & 0 & 1 & 0 \\ 1 & 0 & 1 & 0 & 0 & 1 \end{pmatrix}$$

于是，对应的监督矩阵为

$$H = [I_3 \ P^{\mathrm{T}}] = \begin{pmatrix} 1 & 0 & 0 & 1 & 0 & 1 \\ 0 & 1 & 0 & 1 & 1 & 0 \\ 0 & 0 & 1 & 0 & 1 & 1 \end{pmatrix}$$

因此，可得

$$cH^{\mathrm{T}} = (c_1, c_2, c_3, c_4, c_5, c_6) \begin{pmatrix} 1 & 0 & 0 \\ 0 & 1 & 0 \\ 0 & 0 & 1 \\ 1 & 1 & 0 \\ 0 & 1 & 1 \\ 1 & 0 & 1 \end{pmatrix} = (c_1 + c_4 + c_6, c_2 + c_4 + c_5, c_3 + c_5 + c_6)$$

由例 4-4 可知 $c = (c_1, c_2, c_3, c_4, c_5, c_6) = (m_1 + m_3, m_1 + m_2, m_2 + m_3, m_1, m_2, m_3)$，代入上式可得

$$cH^{\mathrm{T}} = (000) = 0$$

线性分组码的最小码距 $d_{\min}$ 和监督矩阵 H 的列向量之间存在密切的关系。前面讲过，判断一个向量 c 是否为一个合法码字的充要条件为 $cH^{\mathrm{T}} = 0$。假如选择 c 是具有最小重量 $w_{\min}$（或 $d_{\min}$）的码字，那么由关系式 $cH^{\mathrm{T}} = 0$ 可知监督矩阵 H 中有 $d_{\min}$ 列是线性相关的；另一方面，由于没有重量小于 $d_{\min}$ 的码字，所以 H 中不可能会有少于 $d_{\min}$ 列是线性相关的。因此，$d_{\min}$ 等于 H 中线性相关的列向量的最小数目，也就是说 H 的列空间是 $d_{\min} - 1$ 维的。例如，观察例 4-5 中（6，3）码的监督矩阵，可以发现其线性相关的列向量的最小数目为 3，所以可以确定该码的最小码距为 $d_{\min} = 3$。

根据前面的讨论可知，一个（n，k）线性分组码 $\mathcal{C}$ 是向量空间 V_n 的一个 k 维子空间，

因此$\mathcal{C}$会有一个正交补集（Orthogonal Complement）$\mathcal{C}^{\perp}$，即由所有正交于$\mathcal{C}$的向量组成的集合。显然，正交补集$\mathcal{C}^{\perp}$是向量空间V_n的一个$n-k$维子空间，所以也表示了一个线性分组码，称为码$\mathcal{C}$的对偶码（Dual Code）。可以证明，码$\mathcal{C}$的生成矩阵是对偶码$\mathcal{C}^{\perp}$的一个监督矩阵。

4.3.6 伴随式校验

对于编码器输出的一个码字$\boldsymbol{c} = (c_1, c_2, \cdots, c_n)$，在传输过程中某些位可能会出错，这样经过信道传输后的接收向量$\boldsymbol{r} = (r_1, r_2, \cdots, r_n)$可以表示为

$$\boldsymbol{r} = \boldsymbol{c} + \boldsymbol{e} \tag{4-24}$$

式中$\boldsymbol{e} = (e_1, e_2, \cdots, e_n)$表示信道传输引起的错误向量，称为错误图样（Error Pattern）。显然，对于长度为n的二进制码字，一共有$2^n - 1$个可能的非零错误图样。

对于接收向量$\boldsymbol{r}$，译码器为了进行校验会计算其伴随式（Syndrome）。定义下面的$1 \times (n-k)$向量$\boldsymbol{s}$为对应于$\boldsymbol{r}$的伴随式：

$$\boldsymbol{s} = \boldsymbol{r}\boldsymbol{H}^{\mathrm{T}} \tag{4-25}$$

伴随式是对$\boldsymbol{r}$执行监督校验的结果，它可以用来确定$\boldsymbol{r}$是否为一个合法码字：如果$\boldsymbol{r}$是一个合法码字，则其对应的伴随式$\boldsymbol{s} = \boldsymbol{0}$；如果$\boldsymbol{r}$中包含可检测到的错误，则其对应的伴随式$\boldsymbol{s}$中会有非零元素值；如果$\boldsymbol{r}$中包含可纠正的错误，则其伴随式$\boldsymbol{s}$中会有特殊的非零值来标记特定的错误图样。在计算完伴随式之后，译码器可能工作在 FEC 或 ARQ 模式，其中 FEC 译码器会定位错误位置并进行纠正，而 ARQ 译码器则会请求重传。

将式（4-24）代入式（4-25），可得

$$\boldsymbol{s} = \boldsymbol{r}\boldsymbol{H}^{\mathrm{T}} = (\boldsymbol{c} + \boldsymbol{e})\,\boldsymbol{H}^{\mathrm{T}} = \boldsymbol{e}\boldsymbol{H}^{\mathrm{T}} \tag{4-26}$$

上式表明在伴随式校验中，由受扰码字向量$\boldsymbol{r}$或对应的错误图样$\boldsymbol{e}$得到的伴随式是一样的。线性分组码有一个重要的性质（译码的基础）：可纠正的错误图样和伴随式是一一对应的。利用上式，可知监督矩阵$\boldsymbol{H}$应具有下列两个重要性质：

1）监督矩阵$\boldsymbol{H}$的列向量不能有全零向量。否则，在对应的码字位置发生的错误不会改变伴随式，故该种错误不能检测到。

2）监督矩阵$\boldsymbol{H}$的所有列向量必须彼此不同。否则，如果$\boldsymbol{H}$中的两列是相同的，则发生在这两个对应位置的错误将是不可区分的。

【例 4-6】仍考虑前例中的（6，3）线性分组码，假设当发送码字为$\boldsymbol{c} = (101110)$时，接收向量是$\boldsymbol{r} = (001110)$。求伴随式$\boldsymbol{s} = \boldsymbol{r}\boldsymbol{H}^{\mathrm{T}}$，并验证其等于$\boldsymbol{e}\boldsymbol{H}^{\mathrm{T}}$。

【解】由接收向量$\boldsymbol{r}$可得其伴随式为

$$s = rH^{\mathrm{T}} = (001110) \begin{pmatrix} 1 & 0 & 0 \\ 0 & 1 & 0 \\ 0 & 0 & 1 \\ 1 & 1 & 0 \\ 0 & 1 & 1 \\ 1 & 0 & 1 \end{pmatrix} = (100)$$

显然，错误图样为 $e = c + r = (100000)$，于是

$$eH^{\mathrm{T}} = (100000) \begin{pmatrix} 1 & 0 & 0 \\ 0 & 1 & 0 \\ 0 & 0 & 1 \\ 1 & 1 & 0 \\ 0 & 1 & 1 \\ 1 & 0 & 1 \end{pmatrix} = (100)$$

因此可知 $s = rH^{\mathrm{T}} = eH^{\mathrm{T}}$。

4.3.7　错误纠正

前面的例子给出了检测单个错误的情况，可以发现无论利用受扰码字还是对应的错误图样，伴随式校验均可以产生相同的伴随式。这表明传输错误不仅可以检测，而且由于可纠正错误图样与伴随式之间的一一对应，错误图样还可以得到纠正。

下面介绍用标准阵列（Standard Array）纠错的概念。对于一个 (n, k) 码，标准阵列是由所有 2^n 个可能的 n 比特长的接收向量组成的 2^k 列 2^{n-k} 行的阵列，它的结构如下：第一行由所有的合法码字构成，其中第一个元素为全零码字；第一列包含所有可纠正的错误图样；每一行称为一个陪集（Coset），每行的第一个元素表示一个错误图样，称为陪集首（Coset Leader），每行后面的元素都是合法码字被该行陪集首扰乱后的接收向量。标准阵列的结构可以用表4-4来描述。

表 4-4　标准阵列的结构

$c_1 = e_1 = 0$	c_2	$\cdots$	c_i	$\cdots$	c_{2^k}
e_2	$c_2 + e_2$	$\cdots$	$c_i + e_2$	$\cdots$	$c_{2^k} + e_2$
e_3	$c_2 + e_3$	$\cdots$	$c_i + e_3$	$\cdots$	$c_{2^k} + e_3$
$\vdots$	$\vdots$	$\vdots$	$\vdots$	$\vdots$	$\vdots$
e_j	$c_2 + e_j$	$\cdots$	$c_i + e_j$	$\cdots$	$c_{2^k} + e_j$
$\vdots$	$\vdots$	$\vdots$	$\vdots$	$\vdots$	$\vdots$
$e_{2^{n-k}}$	$c_2 + e_{2^{n-k}}$	$\cdots$	$c_i + e_{2^{n-k}}$	$\cdots$	$c_{2^k} + e_{2^{n-k}}$

由上表可见，标准阵列第一行第一列的元素为全零码字 $c_1 = \mathbf{0}$，该元素有双重作用：既是合法码字之一，又可看作是一个错误图样 $e_1 = \mathbf{0}$，表示传输过程中没有错误发生，即 $r = c$。显然，标准阵列包含了向量空间 V_n 中所有的 2^n 个 n 元组，每个 n 元组在标准阵列中仅出现一次，这样，每个陪集包含 2^k 个 n 元组，标准阵列中共有 $2^n / 2^k = 2^{n-k}$ 个陪集。

译码算法就是要将受扰的接收向量（标准阵列中第一行之外的其他 n 元组）纠正为该向量所在列顶部的合法码字。假设一个合法码字 $c_i (i \in \{1, 2, \cdots, 2^k\})$ 通过一个噪声干扰的信道传输，得到的受扰接收向量为 $c_i + e_j$，式中 $j \in \{1, 2, \cdots, 2^{n-k}\}$。这样，如果信道引起的错误图样 e_j 是一个陪集首，接收向量会被正确地纠正为传输码字 c_i；如果错误图样不是一个陪集首，则会导致译码错误发生。

1. 陪集的伴随式

如果 e_j 是第 j 个陪集的陪集首（即错误图样），则 $c_i + e_j$ 将会是该陪集中的一个 n 元组，该 n 元组的伴随式为

$$s = (c_i + e_j)H^\mathrm{T} = c_i H^\mathrm{T} + e_j H^\mathrm{T} \tag{4-27}$$

因为 c_i 是一个合法码字，所以 $c_i H^\mathrm{T} = \mathbf{0}$，于是上式变为

$$s = (c_i + e_j)H^\mathrm{T} = e_j H^\mathrm{T} \tag{4-28}$$

从上式可知，陪集（标准阵列的每行）中的每一个元素均有相同的伴随式，而不同陪集对应的伴随式则均不相同，这样便可以通过伴随式来估计对应的错误图样。

2. 纠错译码

根据前面的讨论，纠错译码的步骤如下。

1）计算接收向量 r 的伴随式 $s = rH^\mathrm{T}$。

2）从标准阵列中找到某个陪集首（错误图样）e_j，使得其伴随式 $e_j H^\mathrm{T}$ 也等于 s。

3）利用式 $c = r + e_j$ 将接收向量 r 纠正为合法码字 c。该式可以理解为从接收向量中减去了找到的错误图样，由于是二进制运算，所以减法和加法是相同的。

3. 错误图样的确定

仍考虑前例中的（6，3）码，可以将与该码对应的 $2^6 = 64$ 个 6 元组写成标准阵列，如表 4-5 所示。$2^3 = 8$ 个合法码字构成了标准阵列的第一行，第一列中的 7 个非零陪集首表示可纠正的错误图样。

显然在该表中，所有重量为 1 的错误图样（共有 6 个）均是可以纠正的；此外可以发现，除了可以纠正所有重量为 1 的错误图样之外，因为标准阵列的前 7 行没有用完所有的 64 个 6 元组，还剩下一个没有分配的陪集首，所以该码还有纠正一个额外错误图样的能力。在剩下的 8 个 6 元组构成的陪集中，可以灵活地选择一个作为陪集首，在表 4-5 中选择了重量为 2 的错误图样 $e_8 = (100010)$ 作为第 8 行的陪集首。注意：当且仅当信道引起的真

实错误图样是该标准阵列中的一个陪集首时，译码结果才是正确的。

表 4-5　（6，3）码的标准阵列

000000	110100	011010	101110	101001	011101	110011	000111
000001	110101	011011	101111	101000	011100	110010	000110
000010	110110	011000	101100	101011	011111	110001	000101
000100	110000	011110	101010	101101	011001	110111	000011
001000	111100	010010	100110	100001	010101	111011	001111
010000	100100	001010	111110	111001	001101	100011	010111
100000	010100	111010	001110	001001	111101	010011	100111
100010	010110	111000	001100	001011	111111	010001	100101

　　一般而言，对于一个纠错能力为 t 的码，如果标准阵列的陪集首正好包含所有不大于 t 个错误的错误图样，且不包含任何其他错误图样（即没有多余的纠错能力），则称该码为完美码（Perfect Code）。

　　实际上，在选择陪集首时应该按照错误图样重量从小到大的顺序来排列，这样才能使得正确译码的概率最高，因为重量小的错误图样出现的概率更高。例如，对于错误转移概率为 $p = 0.01$ 的二进制对称信道，上述（6，3）码的码字经过该信道传输之后，不发生错误的概率为 $(1-p)^6 = 0.9415$，发生 1 比特错误的概率为 $C_6^1 p(1-p)^5 = 5.71 \times 10^{-2}$，发生 2 比特错误的概率为 $C_6^2 p^2(1-p)^4 = 1.4 \times 10^{-3}$，发生 3 比特错误的概率为 $C_6^3 p^3(1-p)^3 = 1.9406 \times 10^{-5}$，以此类推。

　　接下来，通过计算 $e_j \boldsymbol{H}^{\mathrm{T}}$ 的值可以获得每个陪集首 e_j 对应的伴随式，而这些伴随式均对应可以纠正的错误图样。即

$$s = e_j \boldsymbol{H}^{\mathrm{T}} = e_j \begin{pmatrix} 1 & 0 & 0 \\ 0 & 1 & 0 \\ 0 & 0 & 1 \\ 1 & 1 & 0 \\ 0 & 1 & 1 \\ 1 & 0 & 1 \end{pmatrix} \tag{4-29}$$

因此，上述标准阵列中各个陪集首对应的伴随式的计算结果见表 4-6。

表 4-6　（6，3）码的伴随式查询表

错误图样	伴随式
000000	000
000001	101
000010	011
000100	110
001000	001
010000	010
100000	100
100010	111

4. 纠错举例

对于接收向量 r，在计算得到其伴随式 $s = rH^{\mathrm{T}}$ 之后，可以通过形如表 4-6 的伴随式查询表来找到对应的错误图样。这样得到的错误图样是实际错误图样的一个估计值，可以记作 $\hat{e}$，然后译码器将其与接收向量 r 相加，便可得到发送码字的估计值 $\hat{c}$：

$$\hat{c} = r + \hat{e} = (c + e) + \hat{e} = c + (e + \hat{e}) \tag{4-30}$$

由上式可知，假如估计的错误图样与实际的错误图样相同，即 $\hat{e} = e$，那么得到的码字估计值 $\hat{c}$ 与发送的实际码字 c 相等；假如错误图样的估计值不正确，则译码器得到的码字估计值不是实际的发送码字，这会导致无法检测的译码错误发生。

【例 4-7】继续考虑上述（6，3）码，假设当发送码字为 $c = (101110)$ 时的接收向量为 $r = (001110)$，利用表 4-6 所示的伴随式查询表对 r 进行译码。

【解】由接收向量 r 可以求得伴随式为

$$s = rH^{\mathrm{T}} = (001110)\begin{pmatrix} 1 & 0 & 0 \\ 0 & 1 & 0 \\ 0 & 0 & 1 \\ 1 & 1 & 0 \\ 0 & 1 & 1 \\ 1 & 0 & 1 \end{pmatrix} = (100)$$

通过伴随式查询表可知与该伴随式对应的错误图样的估计值为

$$\hat{e} = (100000)$$

于是纠正后的码字估计值为

$$\hat{c} = r + \hat{e} = (101110)$$

显然，得到的错误图样估计值与实际的错误图样一样，所以译码结果正确。

可以验证，对于所有重量为 1 的错误图样，该（6，3）码均可以正确译码；但是对于重量为 2 以上的错误图样，该码仅能对错误图样为 $e = (100010)$ 时的接收向量实现正确译码。例如，对于同样的发送码字 $c = (101110)$，经过三次传输之后的接收向量分别为 $r_1 = (001100)$、$r_2 = (100010)$ 和 $r_3 = (111111)$，易得 r_1、r_2 和 r_3 对应的伴随式均为 $s = (111)$，查表 4-6 之后可得错误图样的估计值均为 $\hat{e} = (100010)$，于是 r_1、r_2 和 r_3 译码后得到的码字估计值分别为 $\hat{c}_1 = r_1 + \hat{e} = (101110)$、$\hat{c}_2 = r_2 + \hat{e} = (000000)$ 和 $\hat{c}_3 = r_3 + \hat{e} = (011101)$，显然只有第一次传输的接收向量可以实现正确译码，而后两次传输的接收向量会发生译码错误。

4.3.8 译码器电路

对于码长较短的线性分组码而言，可以用由异或门和与门构成的简单电路来实现译码。

接下来以（6，3）码为例说明译码器电路的结构。

根据前面描述的译码程序，首先应根据接收向量 $\boldsymbol{r} = (r_1，r_2，\cdots，r_n)$ 来计算其对应的伴随式 $\boldsymbol{s} = (s_1，s_2，s_3)$：

$$\boldsymbol{s} = \boldsymbol{r}\boldsymbol{H}^{\mathrm{T}} = (r_1, r_2, \cdots, r_n) \begin{pmatrix} 1 & 0 & 0 \\ 0 & 1 & 0 \\ 0 & 0 & 1 \\ 1 & 1 & 0 \\ 0 & 1 & 1 \\ 1 & 0 & 1 \end{pmatrix} \tag{4-31}$$

因此，可得

$$\begin{cases} s_1 = r_1 + r_4 + r_6 \\ s_2 = r_2 + r_4 + r_5 \\ s_3 = r_3 + r_5 + r_6 \end{cases} \tag{4-32}$$

接着，利用得到的伴随式确定错误图样的估计值，然后将错误图样的估计值与接收向量进行模 2 加即可完成译码。这样，可得 (6，3) 码的译码电路如图 4-6 所示，注意图中电路只能纠正 1 位错误，若要实现对 2 位错误的纠正则需要更多的电路。

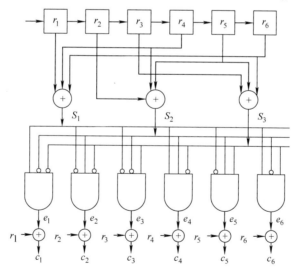

图 4-6　（6，3）码的译码电路

如果线性分组码的码长较长，这种电路的实现将会非常复杂。更好的译码方法是使用串行方法来代替此处的并行方法。

4.4 线性分组码的检错和纠错能力

首先通过一个例子来讨论线性分组码的检错和纠错能力。如图 4-7 所示，U 和 V 表示两个合法码字，它们之间的汉明距离为 5，而图中的黑色圆点表示发送码字受扰后可能得到的接收向量。根据最大似然译码准则，如果接收向量 r 落在区域 1 则译码为 U，如果接收向量 r 落在区域 2 则译码为 V。

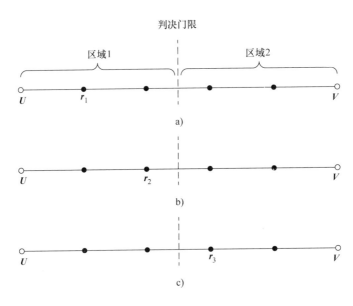

图 4-7 线性分组码的纠错和检错

如果接收向量如图 4-7a 中的 r_1，即离 U 和 V 的距离分别为 1 和 4，那么会将 r_1 译码为 U。假如 r_1 是发送码字 U 发生 1 位错误的结果，那么译码器便能实现正确的译码；假如 r_1 是发送码字 V 发生 4 位错误的结果，那么译码器会发生译码错误。同理，如果发送码字 U 在传输过程中发生了 2 位错误，如图 4-7b 中的 r_2，即与 U 和 V 的距离分别为 2 和 3，那么会将 r_2 译码为 U，译码正确；如果发送码字 U 在传输过程中发生了 3 位错误，如图 4-7c 中的 r_3，即与 U 和 V 的距离分别为 3 和 2，那么会将 r_3 译码为 V，此时译码错误。

如果将该码只用于检错，那么所有落在图 4-7 中黑色圆点上的接收向量均可以被检测出错误，即可以检查出 4 位以下的错误。但是，如果传输过程中发生了 5 位错误，那么一个合法码字会被错译为另一个合法码字，此时会发生不可检测的译码错误。

从上面的讨论可以发现，线性分组码的检错和纠错能力与该码的最小码距 $d_{\min}$ 之间有着密切的关系。由线性分组码的定义可知，任意两个合法码字之和仍然是一个合法码字，即对于某个线性分组码$\mathcal{C}$，如果码字 $\boldsymbol{U}$，$\boldsymbol{V} \in \mathcal{C}$，则有 $\boldsymbol{U} + \boldsymbol{V} \in \mathcal{C}$。对于二进制线性分组码而言，由 4.2.3 小节的讨论可知，两个码字之间的汉明距离实际上就是两个码字模 2 相加结果的汉明重量，因此，为了求得线性分组码的最小码距，只需要找到所有合法码字（全零码字除外）中汉明重量最小的那个码字，其重量便是该码的最小码距 $d_{\min}$。

容易证明，对于一个最小码距为 $d_{\min}$ 的（n，k）线性分组码，关于其检错和纠错能力有如下结论：

1）如果该码只用于纠错，可以确保能够纠正的错误位数最多为

$$t = \left\lfloor \frac{d_{\min} - 1}{2} \right\rfloor \tag{4-33}$$

式中，$\lfloor \cdot \rfloor$ 表示向下取整。对于能够确保纠正 t 个以下错误的码，也可能具有纠正某些 $t + 1$ 个错误的能力。例如表 4-5 中标准阵列给出的（6，3）码的最小码距为 $d_{\min} = 3$，因此可以确保纠正 1 位错误，但是也能纠正一个 2 位的错误。一般来说，能够纠正 t 个错误的（n，k）线性分组码一共能够纠正 2^{n-k} 个错误图样。

2）如果该码只用于检错，可以确保检测出的错误位数最多为

$$e = d_{\min} - 1 \tag{4-34}$$

对于能够确保可以检测出 e 位以下错误的码，也有可能检测出一部分多于 e 位错误的错误图样。一般来说，（n，k）线性分组码一共能够检测出 $2^n - 2^k$ 个错误图样，因为该码共有 $2^n - 1$ 个可能的非零错误图样，其中有 $2^k - 1$ 个与非零码字相同的错误图样是不能检测出来的（一个码字会错为另一个码字）。

对于（n，k）线性分组码，令 A_j 表示重量为 j 的码字数量，则称 A_0，A_1，$\cdots$，A_n 为该码的重量分布（Weight Distribution）。假如该码仅用于检错并通过二进制对称信道传输，可以证明译码器不能检测出错误的概率为

$$P_{\mathrm{nd}} = \sum_{j=1}^{n} A_j p^j (1 - p)^{n-j} \tag{4-35}$$

式中，p 是错误转移概率。此外，如果该码的最小码距为 $d_{\min}$，那么显然从 A_1 到 $A_{d_{\min}-1}$ 的值都是 0。

【例 4-8】如果将表 4-3 中的（6，3）码用于检错，并假设传输信道为错误转移概率为 $p = 0.01$ 的二进制对称信道，求该码不能检测出错误的概率。

【解】由表 4-3 中的码字可以统计出：$A_0 = 1$，$A_1 = A_2 = 0$，$A_3 = 4$，$A_4 = 3$，$A_5 = A_6 = 0$。因此，不能检测出错误的概率为

$$P_{\mathrm{nd}} = A_3 p^3 (1 - p)^3 + A_4 p^4 (1 - p)^2 = 3.91 \times 10^{-6}$$

3）如果该码同时用于纠正 α 个错误、检测 β 个错误（$\beta \geq \alpha$），则要求

$$d_{\min} \geq \alpha + \beta + 1 \qquad (4\text{-}36)$$

总之，如果不多于 t 个错误发生，该码可以检测和纠正这些错误；如果多于 t 个但是小于 $e+1$ 个错误发生，则该码可以检测到错误的存在但是仅能纠正其中一部分。例如，对于最小码距为 $d_{\min}=7$ 的线性分组码，可以采用表 4-7 中的方案之一来进行检错或纠错。

表 4-7 $d_{\min}=7$ 码的纠错与检错能力

纠错 α 位	检错 β 位
3	3
2	4
1	5
0	6

注意纠错意味着首先要检错，例如当发生 3 位错误时，该码可以检测所有错误并能进行纠正，而当发生 5 位错误时，该码可以检测出所有错误但是仅能纠正其中 1 位错误。

【例 4-9】讨论（3，1）重复码和（4，1）重复码的检错和纠错能力。

【解】先来考虑（3，1）重复码，显然两个合法码字分别是（000）和（111），且该码的码率为 $R=\dfrac{1}{3}$，最小码距为 $d_{\min}=3$。

如果该码用于检错，由 $d_{\min} \geq e+1$ 可知该码最多可以检测出 2 个错误，例如当发送码字为（000）时，只要错误比特个数不超过两个均可以发现，如图 4-8a 所示。

如果该码用于纠错，由 $d_{\min} \geq 2t+1$ 可知该码可以纠正 1 个错误，如图 4-8b 所示，例如对于发送码字（000），根据最小距离译码准则，只有当接收向量为（001）、（010）或（100）时才能实现正确译码，而当接收向量为（011）、（110）或（101）时会被错误地纠正为码字（111）。当该码通过错误转移概率为 $p=0.01$ 的二进制对称信道传输时，译码错误概率为

$$P_{\mathrm{M}} = \mathrm{C}_3^2 p^2 (1-p) + p^3 = 2.98 \times 10^{-4}$$

接着考虑（4，1）重复码，显然两个合法码字分别是（0000）和（1111），且该码的码率为 $R=\dfrac{1}{4}$，最小距离为 $d_{\min}=4$。

如果该码用于检错，由 $d_{\min} \geq e+1$ 可知该码最多可以检测出 3 个错误，例如当发送码字为（0000）时，只要错误个数不超过三个均可以发现，如图 4-9a 所示。

如果该码用于纠错，由 $d_{\min} \geq 2t+1$ 可知该码只可以纠正 1 个错误，如图 4-9b 所示。实际上此时该码还可以同时用于检错，因为由 $d_{\min} \geq \alpha + \beta + 1$ 可知该码可以同时纠正 1 个错误、检查出 2 个错误，如图 4-9c 所示。例如对于发送码字（0000），当接收向量为（0001）、（0010）、（0100）或（1000）时均可以实现正确译码，当接收向量为（0011）、

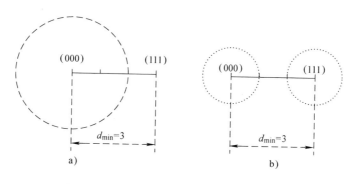

图 4-8　(3, 1) 重复码的检错和纠错能力

(0110)、(1100)、(1001)、(0101) 或 (1010) 时可以检测出错误，而当接收向量为 (0111)、(1110)、(1101) 或 (1011) 时会被错误地纠正为码字 (1111)。当该码通过错误转移概率为 $p = 0.01$ 的二进制对称信道传输时，译码错误概率为

$$P_{\mathrm{M}} = C_4^3 p^3 (1 - p) + p^4 = 3.97 \times 10^{-6}$$

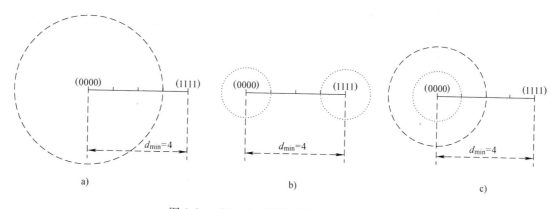

图 4-9　(4, 1) 重复码的检错和纠错能力

一般而言，随着码长 n 的增加，$(n, 1)$ 重复码的抗干扰能力会越来越强，但是码率 $R = \dfrac{1}{n}$ 会越来越低，且随着 n 的增加会趋近零。

【例 4-10】讨论码长分别为 $n = 2, 3, 4$ 时偶校验码的检错和纠错能力。

【解】先来考虑 (2, 1) 偶校验码，显然该码只有 2 个合法码字，分别为 (00) 和 (11)，且该码的码率为 $R = \dfrac{1}{2}$，最小码距为 $d_{\min} = 2$，因此该码仅能检测出 1 个错误。若该码通过错误转移概率为 $p = 0.01$ 的二进制对称信道传输，显然发生 2 位错误时译码器不能检测出错误，因此译码器不能检测出错误的概率为 $P_{\mathrm{nd}} = p^2 = 10^{-4}$；如果用码字重量来计算，该码的重量分布为 $A_0 = A_2 = 1$，于是有 $P_{\mathrm{nd}} = A_2 p^2 = 10^{-4}$。

接着考虑（3，2）偶校验码，显然该码有 $2^2 = 4$ 个码字，分别为（000）、（101）、（110）和（011），该码的码率为 $R = \dfrac{2}{3}$，最小码距为 $d_{\min} = 2$，因此该码也只能检测出 1 个错误。若该码通过错误转移概率为 $p = 0.01$ 的二进制对称信道传输时，显然发生 2 位错误时译码器不能检测出错误，因此译码器不能检测出错误的概率为 $P_{\mathrm{nd}} = C_3^2 p^2 (1-p) = 2.97 \times 10^{-4}$；如果用码字重量来计算，该码的重量分布为 $A_0 = 1$，$A_2 = 3$，于是有 $P_{\mathrm{nd}} = A_2 p^2 (1-p) = 2.97 \times 10^{-4}$。

再来考虑（4，3）偶校验码，显然该码有 $2^3 = 8$ 个码字，分别为（0000）、（1001）、（1010）、（1100）、（0101）、（0110）、（0011）和（1111），该码的码率为 $R = \dfrac{3}{4}$，最小码距为 $d_{\min} = 2$，由公式 $d_{\min} \geqslant e + 1$ 可知该码可以确保检测出 1 个错误，但是容易发现实际上该码也可以检测出所有的 3 个错误。若该码通过错误转移概率为 $p = 0.01$ 的二进制对称信道传输时，显然发生 2 位或 4 位错误时译码器不能检测出错误，因此译码器不能检测出错误的概率为 $P_{\mathrm{nd}} = C_4^2 p^2 (1-p)^2 + C_4^4 p^4 = 5.88 \times 10^{-4}$；如果用码字重量来计算，该码的重量分布为 $A_0 = 1$，$A_2 = 6$，$A_4 = 1$，于是有 $P_{\mathrm{nd}} = A_2 p^2 (1-p)^2 + A_4 p^4 = 5.88 \times 10^{-4}$。

推广开来可以发现，随着码长 n 的增加，当 $n \to \infty$ 时奇偶校验的码率 $R \to 1$，但最小距离总是 $d_{\min} = 2$，系统误码率会接近无编码系统时的情况，即随着码长的增加，$(n, n-1)$ 奇偶校验码的抗干扰能力接近零。

4.5　循环码

循环码是最为重要的一类线性分组码，相比于普通的线性分组码，循环码具有更多的结构特点，这可以使其在较小的计算复杂度下进行代数译码，因此得到了广泛的应用。后面将要介绍的 BCH 码和 Reed – Solomon 码（简称为 RS 码）均属于循环码。

4.5.1　循环码的定义与基本性质

循环码是具有如下循环移位性质的线性分组码：如果 $\boldsymbol{c} = (c_{n-1}, c_{n-2}, \cdots, c_1, c_0)$ 是某循环码的一个码字，则 $\boldsymbol{c}$ 中元素在经过一次循环移位后得到的向量 $(c_{n-2}, \cdots, c_1, c_0, c_{n-1})$ 仍是该码的一个码字。重复上述过程可知，码字 $\boldsymbol{c}$ 的所有循环移位仍是码字。由于循环移位性质的存在，相比于普通的线性分组码，循环码具有额外的可用于简化编码和译码运算的结构特点，利用这些特点可以为实际通信系统设计出有效的编码和译码算法，能够在码字较多的前提下实现码长较大的分组码。

在研究 (n, k) 循环码的代数结构时，更方便的方法是将码字向量 $\boldsymbol{c} = (c_{n-1}, c_{n-2}, \cdots, c_1, c_0)$ 表示成如下的码字多项式：

$$c(X) = c_{n-1}X^{n-1} + c_{n-2}X^{n-2} + \cdots + c_1X + c_0 \tag{4-37}$$

显然，码字多项式的阶不可能超过 $n-1$，并且只有当 $c_{n-1} \neq 0$ 时码字多项式的阶才为 $n-1$。对于二进制编码，码字多项式中系数的取值为 0 或 1。注意上式中的 X 为形式变量，没有什么具体的物理意义，仅通过它的各次幂来区分各个符号之间的相对位置关系。

将式（4-37）的等号两边同时乘上 X，可得

$$Xc(X) = c_{n-1}X^n + c_{n-2}X^{n-1} + \cdots + c_1X^2 + c_0X \tag{4-38}$$

该多项式的阶可能会等于 n（当 $c_{n-1} \neq 0$ 时），所以不能代表一个码长为 n 的码字。不过，如果将 $Xc(X)$ 除以 $X^n + 1$，可得

$$\frac{Xc(X)}{X^n + 1} = c_{n-1} + \frac{c^{(1)}(X)}{X^n + 1} \tag{4-39}$$

式中

$$c^{(1)}(X) = c_{n-2}X^{n-1} + \cdots + c_1X^2 + c_0X + c_{n-1} \tag{4-40}$$

注意：$c^{(1)}(X)$ 正好是码字向量 $\boldsymbol{c}^{(1)} = (c_{n-2}, \cdots, c_1, c_0, c_{n-1})$ 对应的码字多项式，而 $\boldsymbol{c}^{(1)}$ 是码字向量 $\boldsymbol{c}$ 循环移位 1 次后得到的码字向量。由式（4-39）可知，$c^{(1)}(X)$ 是 $Xc(X)$ 除以 $X^n + 1$ 之后得到的余式，故该关系也可以记作

$$c^{(1)}(X) = Xc(X) \mod (X^n + 1) \tag{4-41}$$

推广开来，对于某循环码的一个码字向量 $\boldsymbol{c} = (c_{n-1}, c_{n-2}, \cdots, c_1, c_0)$，若其码字多项式为 $c(X)$，则 $X^ic(X)\mod(X^n + 1)$ 也表示该循环码的一个码字多项式，该关系可以表示为

$$X^ic(X) = Q(X)(X^n + 1) + c^{(i)}(X) \tag{4-42}$$

式中，$Q(X)$ 是商式；而余式 $c^{(i)}(X)$ 表示该循环码的一个码字多项式，它对应码字向量 $\boldsymbol{c}$ 循环移位 i 次后得到的码字向量 $\boldsymbol{c}^{(i)}$。

【例 4-11】对长度为 $n = 4$ 的码字向量 $\boldsymbol{c} = (1011)$，验证循环码的循环特性。

【解】对应码字向量 $\boldsymbol{c}$ 的码字多项式为

$$c(X) = X^3 + X + 1$$

利用多项式的长除法，容易求得 $X^ic(X)$（其中 $i = 1, 2, 3, 4$）除以 $X^4 + 1$ 之后的结果，分别为

$$Xc(X) = X^4 + X^2 + X = (X^4 + 1) + (X^2 + X + 1)$$

$$X^2c(X) = X^5 + X^3 + X^2 = X(X^4 + 1) + (X^3 + X^2 + X)$$

$$X^3 c(X) = X^6 + X^4 + X^3 = (X^2 + 1)(X^4 + 1) + (X^3 + X^2 + 1)$$

$$X^4 c(X) = X^7 + X^5 + X^4 = (X^3 + X + 1)(X^4 + 1) + (X^3 + X + 1)$$

于是 $Xc(X)$、$X^2 c(X)$、$X^3 c(X)$、$X^4 c(X)$ 除以 $X^4 + 1$ 之后所得余式对应的向量分别为

$$\boldsymbol{c}^{(1)} = (0111)$$

$$\boldsymbol{c}^{(2)} = (1110)$$

$$\boldsymbol{c}^{(3)} = (1101)$$

$$\boldsymbol{c}^{(4)} = (1011)$$

显然上面四个向量是码字向量 $\boldsymbol{c}$ 分别循环 1 次、2 次、3 次和 4 次之后的结果。

4.5.2 循环码的生成多项式

循环码可以利用生成多项式（Generator Polynomial）来生成。可以证明，(n, k) 循环码的生成多项式是 $X^n + 1$ 的一个因式，且阶为 $n - k$，故可以表示为

$$g(X) = X^{n-k} + g_{n-k-1} X^{n-k-1} + \cdots + g_1 X + 1 \tag{4-43}$$

对应于消息向量 $\boldsymbol{m} = (m_{k-1}, m_{k-2}, \cdots, m_0)$ 的消息多项式可以定义为

$$m(X) = m_{k-1} X^{k-1} + m_{k-2} X^{k-2} + \cdots + m_1 X + m_0 \tag{4-44}$$

这样，$m(X)g(X)$ 是一个不大于 $n-1$ 阶的多项式，可以表示一个码字多项式。

(n, k) 循环码共有 2^k 个消息多项式 $\{m_i(X)\}$，$i = 1, 2, \cdots, 2^k$，因此通过一个给定的 $g(X)$ 可以生成对应的全部 2^k 个码字多项式，即

$$c_i(X) = m_i(X)g(X) \tag{4-45}$$

接下来证明由上式得到的码字多项式满足循环性质：假设 $c(X)$ 表示由上式得到的任意一个码字多项式，则由式（4-39）可知其循环移位 1 次后可得

$$c^{(1)}(X) = Xc(X) + c_{n-1}(X^n + 1) \tag{4-46}$$

又因为 $g(X)$ 可以整除 $X^n + 1$ 和 $c(X)$，所以也可以整除 $c^{(1)}(X)$，从而可知 $c^{(1)}(X)$ 也是一个码字多项式。

从上面的讨论可知，将 2^k 个消息多项式分别与生成多项式 $g(X)$ 相乘得到的码字多项式对应的码字向量会具有循环性质，称为 (n, k) 循环码。这样生成的循环码是向量空间 V_n 的一个子空间 S，且该子空间的维数是 k。

实际上，仅当存在可以整除 $X^n + 1$ 且阶为 $n - k$ 的多项式 $g(X)$ 时，(n, k) 循环码才存在。因此，设计一个循环码的过程等价于对 $X^n + 1$ 进行因式分解的问题。表 4-8 给出了常用的 $X^n + 1$ 因式分解结果，注意该表中因式分解的结果是用八进制数字来表示的，例如多项式 $X^3 + X^2 + 1$ 对应的向量为 001101，其对应的八进制表示为 15。

表 4-8　常用 $X^n + 1$ 的因式分解

n	$X^n + 1$ 因式分解结果
7	3. 15. 13
9	3. 7. 111
15	3. 7. 31. 23. 37
17	3. 471. 727
21	3. 7. 15. 13. 165. 127
23	3. 6165. 5343
25	3. 37. 4102041
27	3. 7. 111. 1001001
31	3. 51. 45. 75. 73. 67. 57
33	3. 7. 2251. 3043. 3777
35	3. 15. 13. 37. 16475. 13627
39	3. 7. 17075. 13617. 17777
41	3. 5747175. 6647133
43	3. 47771. 52225. 64213
45	3. 7. 31. 23. 27. 111. 11001. 10011
47	3. 75667061. 43073357
49	3. 15. 13. 10040001. 10000201
51	3. 7. 661. 471. 763. 433. 727. 637
55	3. 37. 3777. 7164555. 5551347
57	3. 7. 1341035. 1735357. 1777777
63	3. 7. 15. 13. 141. 111. 165. 155. 103. 163. 133. 147. 127
127	3. 301. 221. 361. 211. 271. 345. 325. 235. 375. 203. 323. 313. 253. 247. 367. 217. 357. 277

【例 4-12】利用表 4-8 设计一个（7，4）循环码。

【解】查表可知 $X^7 + 1$ 的因式分解结果为 3. 15. 13，表示的二进制数字分别为 011、001101、001011，对应的多项式分别为 $g_1(X) = X + 1$、$g_2(X) = X^3 + X^2 + 1$、$g_3(X) = X^3 + X + 1$，即

$$X^7 + 1 = g_1(X) g_2(X) g_3(X)$$

所以，为了生成（7，4）循环码，可以选用 $g_2(X) = X^3 + X^2 + 1$ 或 $g_3(X) = X^3 + X + 1$ 作为生成多项式，它们生成的循环码是等效的。其中，由 $g_2(X)$ 生成的（7，4）循环码的所有码字向量见表 4-9。

表4-9 (7，4) 循环码 $(g_2(X) = X^3 + X^2 + 1)$

消息向量				码字向量						
X^3	X^2	X^1	X^0	X^6	X^5	X^4	X^3	X^2	X^1	X^0
0	0	0	0	0	0	0	0	0	0	0
0	0	0	1	0	0	0	1	1	0	1
0	0	1	0	0	0	1	1	0	1	0
0	0	1	1	0	0	1	0	1	1	1
0	1	0	0	0	1	1	0	1	0	0
0	1	0	1	0	1	1	1	0	0	1
0	1	1	0	0	1	0	1	1	1	0
0	1	1	1	0	1	0	0	0	1	1
1	0	0	0	1	1	0	1	0	0	0
1	0	0	1	1	1	0	0	1	0	1
1	0	1	0	1	1	1	0	0	1	0
1	0	1	1	1	1	1	1	1	1	1
1	1	0	0	1	0	1	1	1	0	0
1	1	0	1	1	0	1	0	0	0	1
1	1	1	0	1	0	0	0	1	1	0
1	1	1	1	1	0	0	1	0	1	1

【例4-13】对于码长为 $n = 25$ 的 (n, k) 循环码，确定 k 的可能取值。

【解】查表4-8可知 $X^{25} + 1$ 的因式分解结果为 3．37．4102041，表示的二进制数字分别为 011、011111、100001000010000100001，对应的多项式分别为 $X + 1$、$X^4 + X^3 + X^2 + X + 1$、$X^{20} + X^{15} + X^{10} + X^5 + 1$。所以，$n - k$ 的可能取值为 1、4、20 或 5、21、24，其中后三个数值来自两个多项式乘积的阶，于是 k 的可能取值分别为 24、21、5、20、4、1。

4.5.3 循环码的监督多项式

假设 $g(X)$ 是 (n, k) 循环码的生成多项式，这样 $g(X)$ 就是 $X^n + 1$ 的一个因式，所以

$$X^n + 1 = g(X)h(X) \tag{4-47}$$

式中，$h(X)$ 是一个阶为 k 的多项式，称为该码的监督多项式（Parity Check Polynomial）。

监督多项式 $h(X)$ 可以用来生成对偶码。定义 $h(X)$ 的互反多项式（Reciprocal Polynomial）为

$$X^k h(X^{-1}) = X^k(X^{-k} + h_{k-1}X^{-k+1} + h_{k-2}X^{-k+2} + \cdots + h_1 X^{-1} + 1)$$
$$= 1 + h_{k-1}X + h_{k-2}X^2 + \cdots + h_1 X^{k-1} + X^k \tag{4-48}$$

显然，互反多项式也是 $X^n + 1$ 的一个因式，所以 $X^k h(X^{-1})$ 是 $(n, n-k)$ 循环码的生成多项式，该码是由 $g(X)$ 生成的 (n, k) 循环码的对偶码。注意 $(n, n-k)$ 对偶码构成 (n, k) 循环码的零空间（Null Space）。

【例4-14】求 $g(X) = X^3 + X^2 + 1$ 生成的 $(7, 4)$ 循环码的对偶码。

【解】由例 4-12 可知 $X^7 + 1 = (X+1)(X^3 + X^2 + 1)(X^3 + X + 1)$，于是该（7，4）循环码的监督多项式为

$$h(X) = (X+1)(X^3 + X + 1) = X^4 + X^3 + X^2 + 1$$

上式的互反多项式为

$$\widetilde{g}(X) = X^4 h(X^{-1}) = 1 + X + X^2 + X^4$$

由 $\widetilde{g}(X)$ 可以生成（7，4）循环码的对偶码，即（7，3）循环码，该对偶码的所有码字向量如表 4-10 所示。容易验证，该表中的各个码字向量与表 4-9 中的（7，4）循环码的各个码字向量是正交的。

表 4-10　（7，4）循环码的对偶码

消息向量			码字向量						
X^2	X^1	X^0	X^6	X^5	X^4	X^3	X^2	X^1	X^0
0	0	0	0	0	0	0	0	0	0
0	0	1	0	0	1	0	1	1	1
0	1	0	0	1	0	1	1	1	0
0	1	1	0	1	1	1	0	0	1
1	0	0	1	0	1	1	1	0	0
1	0	1	1	0	0	1	0	1	1
1	1	0	1	1	1	0	0	1	0
1	1	1	1	1	0	0	1	0	1

4.5.4　循环码的生成矩阵

对于线性分组码，其生成矩阵可以用任意 k 个线性独立的码字向量来构造。如果已知某循环码的生成多项式为 $g(X)$，那么最容易找到的 k 个线性独立的码字向量分别是对应于 $X^{k-1}g(X)$，…，$X^2 g(X)$，$Xg(X)$，$g(X)$ 等多项式的码字向量，所以可以定义

$$\boldsymbol{G}(X) = \begin{pmatrix} X^{k-1}g(X) \\ \vdots \\ X^2 g(X) \\ Xg(X) \\ g(X) \end{pmatrix} \tag{4-49}$$

这样，用 $\boldsymbol{G}(X)$ 中各个行多项式的系数来充当行向量便可以最后得到该码的生成矩阵 $\boldsymbol{G}$。

因为任何不高于 $n-1$ 阶且能被 $g(X)$ 整除的多项式都可以表示成上述 k 个多项式的线性组合，所以上面 k 个多项式构成的集合是一个 k 维的基，进而可知与这些多项式对应的码字组成了 (n, k) 循环码的一个 k 维的基。

【例4-15】 给出（7，4）循环码的生成矩阵。

【解】 只要确定（7，4）循环码的生成多项式 $g(X)$，那么生成矩阵的4个行向量可以通过计算 $X^i g(X)$ 来获得，其中 $i=3$，2，1，0。

由例4-12可知，$g_1(X) = X^3 + X^2 + 1$ 和 $g_2(X) = X^3 + X + 1$ 两个生成多项式均可生成（7，4）循环码，所以它们各自对应的生成矩阵 G_1 和 G_2 分别为

$$G_1 = \begin{pmatrix} 1 & 1 & 0 & 1 & 0 & 0 & 0 \\ 0 & 1 & 1 & 0 & 1 & 0 & 0 \\ 0 & 0 & 1 & 1 & 0 & 1 & 0 \\ 0 & 0 & 0 & 1 & 1 & 0 & 1 \end{pmatrix}$$

$$G_2 = \begin{pmatrix} 1 & 0 & 1 & 1 & 0 & 0 & 0 \\ 0 & 1 & 0 & 1 & 1 & 0 & 0 \\ 0 & 0 & 1 & 0 & 1 & 1 & 0 \\ 0 & 0 & 0 & 1 & 0 & 1 & 1 \end{pmatrix}$$

4.5.5 截短循环码

如果 $\mathcal{C}$ 表示一个最小距离为 $d_{\min}$ 的（n，k）线性分组码，则为了生成 $\mathcal{C}$ 的截短码，应仅考虑开头为 j 个0的 2^{k-j} 个信息向量（$1 \leqslant j < k$），这 j 个0不携带任何信息，因此可以删除，这样留下的 2^{k-j} 个码字就构成了 $\mathcal{C}$ 的截短码（Shortened Code）。截短码是一个码率为 $R_c = \dfrac{k-j}{n-j}$ 的（$n-j$，$k-j$）线性分组码，其中 R_c 小于原码的码率。但是，由于截短码的码字是将原码 $\mathcal{C}$ 中的码字去掉 j 个0之后的结果，所以截短码的最小重量不会小于原码的最小重量，如果 j 的取值较大，则截短码通常会比原码的最小重量大一些。

由例4-13和表4-8可知，对于任意给定的 n 和 k 的值，并不一定恰好有（n，k）循环码存在，此时可以使用截短码的方法来构造满足参数要求的新码。在进行码设计的时候，为了满足预先给定的参数要求，可以将（n，k）循环码截短 j 位从而得到（$n-j$，$k-j$）码。为了生成截短循环码，需要将消息向量中前 j 位直接取0值从而不再传输这些位的信息，这样得到的（$n-j$，$k-j$）码一般不再是循环码；在接收机处重新加上删掉的 j 个0值之后，便可以使用原（n，k）循环码的任意译码器来进行译码。

截短循环码的方法普遍用于RS码的截短和循环冗余校验（CRC）码的构造中，其中CRC码是计算机通信网中错误检测的主要方法。

4.5.6 系统循环码

对于系统形式的循环码，消息向量 $\boldsymbol{m} = (m_{k-1}, m_{k-2}, \cdots, m_0)$ 会整体出现在对应的

码字向量中，比如说，可以将 m 整体左移 $n-k$ 位来充当码字向量的左侧 k 位，然后将对应的校验比特放在码字向量的右侧 $n-k$ 位。为了将 m 左移 $n-k$ 位，可以通过其消息多项式 $m(X)$ 来实现，即

$$X^{n-k}m(X) = X^{n-k}(m_{k-1}X^{k-1} + m_{k-2}X^{k-2} + \cdots + m_1X + m_0)$$
$$= m_{k-1}X^{n-1} + m_{k-2}X^{n-2} + \cdots + m_1X^{n-k+1} + m_0X^{n-k} \tag{4-50}$$

将上式等号两端同时除以生成多项式 $g(X)$，可得

$$X^{n-k}m(X) = q(X)g(X) + p(X) \tag{4-51}$$

式中，$q(X)$ 是商式，$p(X)$ 是余式，故其阶不会超过 $n-k$，于是

$$p(X) = p_{n-k-1}X^{n-k-1} + \cdots + p_2X^2 + p_1X + p_0 \tag{4-52}$$

式（4-51）的关系也可以表示成

$$p(X) = X^{n-k}m(X) \mod g(X) \tag{4-53}$$

将 $p(X)$ 加至式（4-51）的等号两端，可得

$$X^{n-k}m(X) + p(X) = q(X)g(X) \tag{4-54}$$

显然，上式的等号左端表示一个合法码字，因为该多项式的阶不大于 $n-1$，且能被生成多项式 $g(X)$ 整除。

将式（4-50）和式（4-52）代入上式，可得该码字多项式 $c(X) = X^{n-k}m(X) + p(X)$ 对应的码字向量为

$$c = \Big(\underbrace{m_{k-1}, m_{k-2}, \cdots, m_1, m_0}_{x}, \underbrace{p_{n-k-1}, \cdots, p_2, p_1, p_0}_{y}\Big) \tag{4-55}$$

式中，x 表示消息比特，y 表示校验比特。

归纳起来，生成系统循环码的步骤如下：

1）将消息多项式 $m(X)$ 乘以 X^{n-k}。

2）将 $X^{n-k}m(X)$ 除以生成多项式 $g(X)$，求得余式 $p(X)$。

3）将余式 $p(X)$ 加至 $X^{n-k}m(X)$，即得码字多项式。

【例 4-16】对于生成多项式为 $g(X) = X^3 + X + 1$ 的（7，4）循环码，求消息向量 $m = (1101)$ 生成的系统形式码字向量。

【解】消息向量 m 对应的多项式为

$$m(X) = X^3 + X^2 + 1$$

于是有

$$X^{n-k}m(X) = X^3(X^3 + X^2 + 1) = X^6 + X^5 + X^3$$

将上式除以 $g(X)$，可得

$$X^{n-k}m(X) = (X^3 + X^2 + X + 1)g(X) + 1$$

于是

$$p(X) = X^{n-k}m(X) \mod g(X) = 1$$

所以码字多项式为

$$c(X) = X^{n-k}m(X) + p(X) = X^6 + X^5 + X^3 + 1$$

对应的码字向量为 $c = (1101001)$。

此外，利用上述生成系统循环码字的方法，也可以生成循环码的系统形式生成矩阵。方法如下：对于 $l = 1, 2, \cdots, k$，将 X^{n-l} 除以生成多项式 $g(X)$，求得余式 $R_l(X) = X^{n-l} \mod g(X)$，则 $X^{n-l} + R_l(X)$ 是一个码字多项式，其对应的码字向量可以充当生成矩阵的第 l 行，即

$$G(X) = \begin{pmatrix} X^{n-1} + X^{n-1} \mod g(X) \\ X^{n-2} + X^{n-2} \mod g(X) \\ \vdots \\ X^{n-k} + X^{n-k} \mod g(X) \end{pmatrix} \tag{4-56}$$

最后，只要将 $G(X)$ 中每行的多项式系数作为行向量便能得到系统形式的生成矩阵 G。

【例 4-17】求上例中 (7, 4) 循环码的系统形式生成矩阵和监督矩阵。

【解】已知该码的生成矩阵为 $g(X) = X^3 + X + 1$，易得

$$X^6 = (X^3 + X + 1)g(X) + (X^2 + 1)$$
$$X^5 = (X^2 + 1)g(X) + (X^2 + X + 1)$$
$$X^4 = Xg(X) + (X^2 + X)$$
$$X^3 = g(X) + (X + 1)$$

于是

$$G(X) = \begin{pmatrix} X^6 + (X^2 + 1) \\ X^5 + (X^2 + X + 1) \\ X^4 + (X^2 + X) \\ X^3 + (X + 1) \end{pmatrix}$$

所以，系统形式的生成矩阵为

$$G = \begin{pmatrix} 1 & 0 & 0 & 0 & 1 & 0 & 1 \\ 0 & 1 & 0 & 0 & 1 & 1 & 1 \\ 0 & 0 & 1 & 0 & 1 & 1 & 0 \\ 0 & 0 & 0 & 1 & 0 & 1 & 1 \end{pmatrix}$$

容易验证，由该系统生成矩阵 G 和例 4-15 中的 G_2 生成的码字完全一样。此外，与 G 对应的系统形式的监督矩阵为

$$H = \begin{pmatrix} 1 & 1 & 1 & 0 & 1 & 0 & 0 \\ 0 & 1 & 1 & 1 & 0 & 1 & 0 \\ 1 & 1 & 0 & 1 & 0 & 0 & 1 \end{pmatrix}$$

4.5.7　循环码的编码器

从前面的讨论中可知，无论是在多项式的循环移位还是在消息多项式的编码过程中都会遇到多项式之间的除法运算，这种运算可以通过除法电路（反馈移位寄存器）来实现。

1. 多项式除法电路

例如，给定两个多项式

$$v(X) = v_m X^m + \cdots + v_2 X^2 + v_1 X + v_0 \tag{4-57}$$

$$g(X) = g_p X^p + \cdots + g_2 X^2 + g_1 X + g_0 \tag{4-58}$$

其中，$m \geqslant p$，那么 $v(X)$ 除以 $g(X)$ 的结果为

$$\frac{v(X)}{g(X)} = q(X) + \frac{p(X)}{g(X)} \tag{4-59}$$

式中，$q(X)$ 是商式；$p(X)$ 是余式。完成上式运算的多项式除法电路如图 4-10 所示，该电路由 p 级反馈移位寄存器组成。

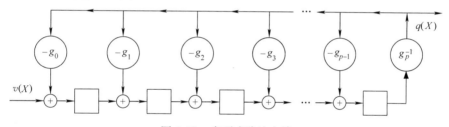

图 4-10　多项式除法电路

首先，图中所有的寄存器都初始化为 0。然后，$v(X)$ 的系数按照从高阶到低阶的顺序，在每个时钟内依次输入该电路一位。在第 p 次移位之后，输出端开始输出商多项式的系数，按照从高阶至低阶的顺序依次输出。在 $m+1$ 次移位之后，寄存器中的最终内容便为余式多项式的系数，右侧为高阶系数，左侧为低阶系数。

【例 4-18】对于多项式 $v(X) = X^6 + X^5 + 1$ 和 $g(X) = X^3 + X + 1$，给出完成 $v(X)$ 除以 $g(X)$ 运算的除法电路。

【解】利用长除法容易求得这两个多项式的相除结果为

$$\frac{v(X)}{g(X)} = (X^3 + X^2 + X) + \frac{X+1}{X^3 + X + 1}$$

显然这里 $m=6$，$p=3$，故完成上述除法运算的电路如图 4-11 所示。图中所有寄存器的初始状态为 0，之后该电路的状态变化如表 4-11 所示。

1000011

图 4-11　例 4-18 的除法电路

表 4-11　例 4-18 电路的状态变化

时钟顺序	输入序列	寄存器内容	输出
0	1000011	000	—
1	100001	100	0
2	10000	110	0
3	1000	011	0
4	100	111	1
5	10	101	1
6	1	100	1
7	—	110	0

在 $p = 3$ 次移位时钟之后，商式系数 $\{q_i\}$ 开始依次输出，为 1110，因此商多项式为 $q(X) = X^3 + X^2 + X$。在 $m + 1 = 7$ 次移位时钟之后，寄存器的最终内容是余式系数 $\{p_i\}$，为 110，于是余式多项式为 $p(X) = X + 1$。

2. 循环码编码电路

前面已经给出了生成系统形式循环码的步骤，其中最为重要的一步是计算 $X^{n-k}m(X)$ 除以 $g(X)$ 之后得到的余式，该操作可以使用前述的多项式除法电路来实现。如果某循环码的生成多项式为

$$g(X) = X^{n-k} + g_{n-k-1}X^{n-k-1} + \cdots + g_2X^2 + g_1X + 1 \tag{4-60}$$

则该循环码的系统形式编码电路如图 4-12 所示。注意在该图中，输入数据端接在了最右侧寄存器的输出端，这样做是为了缩短编码器的移位循环（Shifting Cycle）周期，省掉了输入数据依次移入各级寄存器的 $n - k$ 个时钟。

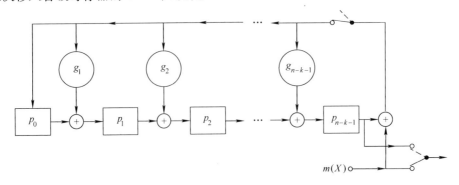

图 4-12　系统循环码的编码电路

在前 k 个移位时钟内，开关 1 闭合，而开关 2 接通下方的端口，于是编码器的输出为 k 位消息比特，同时这 k 比特也依次送入了移位寄存器；当 k 位消息比特全送入编码器后，寄存器中的内容便是与余式多项式系数分别对应的 $n-k$ 位校验比特，此时两个开关均打向相反方向，即开关 1 断开，开关 2 接通上方的端口，然后在接下来的 $n-k$ 个移位时钟内，寄存器中的校验比特依次输出。总之，在每个移位循环的周期内，移位的次数共为 n。

【例 4-19】对于生成矩阵为 $g(X) = X^3 + X + 1$ 的（7，4）循环码，请给出该码的编码电路，并对消息向量 $\boldsymbol{m} = (1101)$ 进行系统编码。

【解】由例 4-16 的计算结果可知，消息向量 $\boldsymbol{m} = (1101)$ 对应的码字向量为 $\boldsymbol{c} = (1101001)$。生成多项式为 $g(X) = X^3 + X + 1$ 的（7，4）循环码的编码电路如图 4-13 所示。

图 4-13　（7，4）循环码的编码器

该编码电路在输入 $\boldsymbol{m} = (1101)$ 下的状态变化如表 4-12 所示。

表 4-12　例 4-19 电路的状态变化

时钟顺序	输入序列	寄存器内容	输出
0	1011	000	—
1	101	110	1
2	10	101	1
3	1	100	0
4	—	100	1

当 4 位消息比特都送入编码电路之后，寄存器中的内容就是校验比特，注意左侧寄存器的内容表示低位，右侧寄存器的内容表示高位，所以最后可得码字向量为

$$\boldsymbol{c} = \left(\underbrace{1101}_{\text{消息比特}} \quad \underbrace{001}_{\text{校验比特}} \right)$$

显然得到的码字向量与之前计算的结果一致。

4.5.8　循环码的译码器

1. 译码原理

编码器输出的码字向量 $\boldsymbol{c} = (c_{n-1}, c_{n-2}, \cdots, c_1, c_0)$ 在传输过程中会受到噪声的干

扰，因此接收向量 $\boldsymbol{r} = (r_{n-1}, r_{n-2}, \cdots, r_1, r_0)$ 可能会和发送的码字向量不同，即可以表示为 $\boldsymbol{r} = \boldsymbol{c} + \boldsymbol{e}$，其中 $\boldsymbol{e} = (e_{n-1}, e_{n-2}, \cdots, e_1, e_0)$ 是错误图样。设与发送码字 $\boldsymbol{c}$ 对应的码字多项式为 $c(X)$，与错误图样 $\boldsymbol{e}$ 对应的错误多项式为 $e(X)$，那么与接收向量 $\boldsymbol{r}$ 对应的接收多项式可以表示为

$$r(X) = c(X) + e(X) \tag{4-61}$$

通过计算 $r(X)$ 是否能够被生成多项式 $g(X)$ 整除，可以判断 $r(X)$ 是否为一个有效的码字多项式。为此，可以将 $r(X)$ 除以 $g(X)$ 之后得到的余式定义为伴随多项式（Syndrome Polynomial），即

$$s(X) = r(X) \bmod g(X) = e(X) \bmod g(X) \tag{4-62}$$

上式的计算过程利用了 $c(X)$ 可以整除 $g(X)$ 的事实。显然，伴随多项式的阶不可能大于 $n-k-1$，因此其对应的伴随式可以用 $n-k$ 个元素组成的向量来表示。此外，由上式可以发现，$r(X)$ 模 $g(X)$ 得到的余式与 $e(X)$ 模 $g(X)$ 得到的余式完全一样，所以通过接收多项式 $r(X)$ 计算得到的 $s(X)$ 包含了纠正错误图样所需要的信息。

根据上面的讨论可知，$s(X)$ 取决于错误图样而不是码字。由于所有可能的伴随多项式有 2^{n-k} 个，而所有可能的错误图样有 2^n 个，所以不同的错误图样可能会导致相同的伴随多项式。最大似然译码（Maximum – Likelihood Decoding）准则要求找到对应于所得 $s(X)$ 的所有错误图样中重量最小的那个，然后将其加至 $r(X)$，从而获得最为可能的发送码字多项式 $c(X)$。

伴随多项式的计算仍然可以利用前述的多项式除法电路来完成，其工作原理与编码器基本相同，如图 4-14 所示。该电路的工作流程如下：起初图中各个寄存器的初始值均为 0，开关位于位置 1；当 n 比特的接收向量都移入寄存器后，$n-k$ 个寄存器中的内容便组成了伴随式，左侧低位右侧高位；接下来，开关打到位置 2，寄存器中的伴随式会依次输出。得到伴随式之后，便可按照 4.3.7 节介绍的查表法来找到最为可能的错误图样。

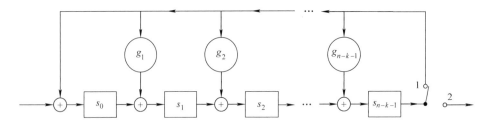

图 4-14　伴随式计算电路

【例 4-20】对于生成多项式为 $g(X) = X^3 + X + 1$ 的（7，4）循环码，请给出该码的伴随式计算电路，并对接收向量 $\boldsymbol{r} = (1001101)$ 进行译码。

【解】该码的伴随式计算电路如图 4-15 所示。

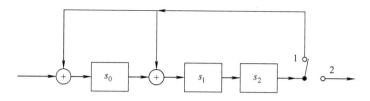

图 4-15　例 4-20 的伴随式计算电路

该电路的状态变化如表 4-13 所示。

表 4-13　例 4-20 电路的状态变化

时钟顺序	输入序列	寄存器内容
0	1011001	000
1	101100	100
2	10110	010
3	1011	001
4	101	010
5	10	101
6	1	100
7	—	110

所以，伴随式为 $s = (s_2, s_1, s_0) = (011)$。

因为该码的最小码距为 $d_{\min} = 3$，所以可以确保纠正 1 位错误，并且容易验证，该码的伴随式查询表如表 4-14 所示。

表 4-14　（7，4）循环码的伴随式查询表

错误图样 $(e_{n-1}, \cdots, e_1, e_0)$	错误多项式	伴随多项式	伴随式 (s_2, s_1, s_0)
1000000	X^6	$X^2 + 1$	101
0100000	X^5	$X^2 + X + 1$	111
0010000	X^4	$X^2 + X$	110
0001000	X^3	$X + 1$	011
0000100	X^2	X^2	100
0000010	X	X	010
0000001	1	1	001

现在已得伴随式为 $s = (s_2, s_1, s_0) = (011)$，通过查询上表可知对应该伴随式最为可能的错误图样为 $e = (0001000)$，因此译码结果为

$$\hat{c} = r + e = (1001101) + (0001000) = (1000101)$$

于是信息比特为 $m = (1000)$。

2. 梅吉特译码器

当 $n-k$ 值不大的时候，利用计算伴随式然后查询标准阵列的译码方法容易实现，但是在 $n-k$ 值较大的情况下会对存储和计算设备要求很高。例如 $n-k=20$ 时标准阵列中共有 2^{20}（约 100 万）个陪集首，此时要从如此多的元素中筛选出一个错误图样来是非常耗费存储空间和时间的。此外，在确定错误图样之后，可以以模 2 加的方法将其加至接收向量来完成译码，此时若采用 4.3.8 小节介绍的并行方式（1 次 n 位）来实现的话需要 n 个异或门，但此时也可以只用 1 个异或门从而以串行方式（1 次 1 位）来完成译码。实际上，利用循环码良好的代数特性可以简化寻找错误图样的过程，从而简化译码电路。

可以证明：如果 $s(X)$ 对应于错误多项式 $e(X)$，$e^{(1)}(X)$ 表示 $e(X)$ 循环移位一次得到多项式，则对应于 $e^{(1)}(X)$ 的伴随多项式将是 $s^{(1)}(X)$，即

$$s^{(1)}(X) = Xs(X) \mod g(X) \tag{4-63}$$

下面来简单证明一下上述结论。如果对应于错误多项式 $e(X)$ 的伴随式多项式为 $s(X)$，那么显然有

$$e(X) = a(X)g(X) + s(X) \tag{4-64}$$

式中，$a(X)$ 是 $e(X)$ 除以 $g(X)$ 之后得到的商式，而 $s(X)$ 是余式。又根据式（4-46）可知

$$e^{(1)}(X) = Xe(X) + e_{n-1}(X^n + 1) \tag{4-65}$$

式中，e_{n-1} 是错误多项式 $e(X)$ 中最高阶那项的系数。将式（4-64）代入式（4-65），可得

$$e^{(1)}(X) = X[a(X)g(X) + s(X)] + e_{n-1}g(X)h(X)$$
$$= [Xa(X) + e_{n-1}h(X)]g(X) + Xs(X) \tag{4-66}$$

由上式可知，$e^{(1)}(X)$ 除以 $g(X)$ 之后得到的余式，也就是对应于 $e^{(1)}(X)$ 的伴随多项式将是由式（4-63）给出的 $s^{(1)}(X)$。

于是，为了能够获得对应于 $\boldsymbol{r}^{(1)}$ 的伴随式，需要将 $s(X)$ 乘以 X 之后再除以 $g(X)$ 来求得余式，这等效于图 4-14 中的移位寄存器内容在没有输入之后继续移位。这意味着，由 s 计算 e_{n-1} 的组合逻辑电路也可以用于由 $s^{(1)}$ 计算 e_{n-2}。这种译码器叫作梅吉特译码器（Meggit Decoder）。

在梅吉特译码器中，首先将接收向量 $\boldsymbol{r} = (r_{n-1}, r_{n-2}, \cdots, r_1, r_0)$ 输入伴随式计算电路来求出 $s(X)$，然后将伴随式送往组合电路来计算 e_{n-1}，接着将该电路的输出与 r_{n-1} 模 2 相加来进行纠正；之后，将伴随式循环移位一次，再使用相同的组合逻辑电路来计算 e_{n-2}；该过程重复 n 次。假如错误图样是可纠正的（陪集首之一），则译码器可以纠正该错误。具体的译码原理如下。

利用循环码的循环结构，可以对接收多项式 $r(X) = r_{n-1}X^{n-1} + \cdots + r_2X^2 + r_1X + r_0$ 进行串行译码，每次只译 1 位，并且在同一电路中进行译码。首先，由 $r(X)$ 确定伴随多项式

$s(X)$；接着，译码电路检查 $s(X)$ 是否对应于一个在最高位 X^{n-1} 存在差错（即 $e_{n-1}=1$）的可纠正错误图样，然后根据情况选择如下两种处理方法：

（1）如果由 $s(X)$ 得到的错误图样中 $e_{n-1}=0$，则将接收多项式和伴随式多项式同时循环移位一次，这样便得到了 $r^{(1)}(X)=r_{n-2}X^{n-1}+\cdots+r_1X^2+r_0X+r_{n-1}$ 以及与其对应的伴随式 $s^{(1)}(X)$。此时 $r(X)$ 的次高位变成了 $r^{(1)}(X)$ 的最高位，同一译码电路将会检查 $s^{(1)}(X)$ 是否与在 X^{n-1} 位置存在差错的错误模式对应。

（2）如果 $s(X)$ 与 X^{n-1} 位有错的错误图样对应（即 $e_{n-1}=1$），则接收向量中的最高位 r_{n-1} 必定为差错位，可以通过 $r_{n-1}\oplus e_{n-1}$ 来实现纠错，于是得到的修正后接收多项式为

$$r_1(X)=(r_{n-1}\oplus e_{n-1})X^{n-1}+\cdots+r_2X^2+r_1X+r_0 \tag{4-67}$$

为了得到与修正接收多项式 $r_1(X)$ 对应的伴随式，可以通过将 X^{n-1} 与 $s(X)$ 模 2 相加从 $s(X)$ 中消除差错位 e_{n-1} 对伴随式的影响，于是 $r_1(X)$ 的伴随多项式为 $[s(X)+X^{n-1}]\ \mathrm{mod}\ g(X)$。然后，将 $r_1(X)$ 及其伴随多项式同时循环移位一次，可得

$$r_1^{(1)}(X)=r_{n-2}X^{n-1}+\cdots+r_1X^2+r_0X+(r_{n-1}\oplus e_{n-1}) \tag{4-68}$$

及其伴随式为

$$s_1^{(1)}(X)=X[s(X)+X^{n-1}]\ \mathrm{mod}\ g(X)=s^{(1)}(X)+1 \tag{4-69}$$

所以，若在对伴随式进行移位时加 1 便可得到 $s_1^{(1)}(X)$。注意在上式的推导中用到了式（4-63）和关系式 $X^n+1=g(X)h(X)$。

总之，无论是上述的情况（1）还是情况（2），在得到 $r^{(1)}(X)$ 和 $s^{(1)}(X)$（或 $r_1^{(1)}(X)$ 和 $s_1^{(1)}(X)$）之后，译码电路接着对此时的最高位接收元素 r_{n-2} 进行译码，具体的译码方法和对 r_{n-1} 的处理一样。

将上述过程重复 n 次后，译码过程结束。如果实际的错误多项式 $e(X)$ 对应一个可纠正的错误图样，则在译码结束后伴随式寄存器的内容为 0，且接收多项式 $r(X)$ 得到了正确译码；如果结束后伴随式寄存器的内容不全为 0，则表示检测出了一个不能纠正的错误模式。图 4-16 给出了梅吉特译码器的一般结构。

图 4-16　梅吉特译码器结构

其译码步骤如下：

1）接收向量全部移入伴随式寄存器并计算得到伴随式，同时也存入到接收向量寄存器。

2）将伴随式读入错误图样检测电路进行检测，当且仅当伴随式寄存器中的内容对应于最高位 X^{n-1} 存在可纠正错误时，该检测电路的输出才为1，其他情况下的输出均为0。

3）从接收向量寄存器中读出一个接收符号，并将上步得到的检测电路输出加至该符号进行译码，同时检测电路的输出值也被反馈回伴随式寄存器参与移位操作，用于修正伴随式。

4）用上步得到的新伴随式来检测第二个接收符号（此时其位于接收向量寄存器的最右端）是否有错，具体操作与步骤2）和3）相同。

5）译码器按照以上步骤对接收到的符号进行逐位译码，直到从寄存器中读出整个接收向量为止。

【例4-21】给出生成多项式为 $g(X) = X^3 + X + 1$ 的（7，4）循环码的梅吉特译码器结构，并给出接收向量为 $r = (1110011)$ 时的译码过程。

【解】该码的梅吉特译码器如图4-17所示。图中伴随式寄存器的结构由 $g(X)$ 决定，显然与图4-15一致；错误图样检测电路的结构由表4-14中第一行结果来决定，即只有当伴随式向量为 $s = (s_2, s_1, s_0) = (101)$ 时，与门的输出才为1；而接收向量寄存器此时是一个7位的移位寄存器。

图4-17　（7，4）循环码的梅吉特译码器

根据图4-17的结构和输入的接收向量 $r = (1110011)$，该译码器的具体译码过程可以用表4-15来详细表示。由该表的最右侧一列可知最后的译码结果为 $c = (1010011)$。

下面来验证上面的译码结果是否正确。与接收向量 $r = (1110011)$ 对应的伴随多项式为

$$s(X) = (X^6 + X^5 + X^4 + X + 1) \mod g(X) = X^2 + X + 1$$

因此对应的伴随式向量为 $s = (s_2, s_1, s_0) = (111)$，查询表4-14可知此时最为可能的错误图样为 $e = (0100000)$，于是译码结果为 $c = r + e = (1010011)$，与梅吉特译码器的输出完全

一致。

表 4-15　（7，4）循环码的梅吉特译码过程

时钟顺序	输入序列	s_0	s_1	s_2	门 3 输出	寄存器内容	译码输出
0	—	0	0	0	—	0000000	—
1	1100111	1	0	0	—	1000000	—
2	110011	1	1	0	—	1100000	—
3	11001	1	1	1	—	1110000	—
4	1100	1	0	1	—	0111000	—
5	110	1	0	0	—	0011100	—
6	11	1	1	0	—	1001110	—
7	1	1	1	1	—	1100111	—
8	—	1	0	1	0	1110011	1
9	—	0	0	0	1	0111001	0
10	—	0	0	0	0	1011100	1
11	—	0	0	0	0	0101110	0
12	—	0	0	0	0	0010111	0
13	—	0	0	0	0	1001011	1
14	—	0	0	0	0	1100101	1

门 1 和门 2 开，门 3 和门 4 关（时钟顺序 0～7）；门 1 和门 2 关，门 3 和门 4 开（时钟顺序 8～14）。

4.5.9　循环码实例

1. 汉明码（Hamming Code）

汉明码是信道编码理论研究历史上较早出现的一种线性分组编码方案，该码具有如下的参数设置：

$$(n,k)=(2^m-1,\ 2^m-1-m),\quad m\geqslant 3 \tag{4-70}$$

汉明码的构造用其监督矩阵 $\boldsymbol{H}$ 来描述比较方便。由前面对线性分组码的讨论可知监督矩阵 $\boldsymbol{H}$ 的维度为 $(n-k)\times n=m\times(2^m-1)$，而汉明码监督矩阵 $\boldsymbol{H}$ 的各列分别由所有 2^m-1 个非全零的二进制 m 元组构成。汉明码的码率为

$$R=\frac{2^m-1-m}{2^m-1} \tag{4-71}$$

显然，随着 m 值的变大，汉明码的码率会趋近于 1。

因为汉明码的监督矩阵 $\boldsymbol{H}$ 的列向量由所有长度为 m 的非全零序列组成，因此 $\boldsymbol{H}$ 的任意两个列向量之和必然是另外一个列向量，也就是说，总能从 $\boldsymbol{H}$ 中找到三个线性相关的列向量。所以，汉明码的最小码距与 m 的具体取值无关，始终为 $d_{\min}=3$。

【例 4-22】设计一个 $m=3$ 的汉明码。

【解】该码的码长为 $n=2^m-1=7$，消息符号个数为 $k=2^m-1-m=4$，因此该码是一个 $(7,4)$ 汉明码。接下来，将所有 7 个非全零的二进制 3 元组来构成监督矩阵 $\boldsymbol{H}$ 的列向量，得

$$H = \begin{pmatrix} 1 & 1 & 1 & 0 & 1 & 0 & 0 \\ 0 & 1 & 1 & 1 & 0 & 1 & 0 \\ 1 & 1 & 0 & 1 & 0 & 0 & 1 \end{pmatrix}$$

注意在上式中是按照系统形式的监督矩阵来排列的列向量，当然也可以采用其他的排列形式。显然，与上式对应的系统形式生成矩阵为

$$G = \begin{pmatrix} 1 & 0 & 0 & 0 & 1 & 0 & 1 \\ 0 & 1 & 0 & 0 & 1 & 1 & 1 \\ 0 & 0 & 1 & 0 & 1 & 1 & 0 \\ 0 & 0 & 0 & 1 & 0 & 1 & 1 \end{pmatrix}$$

2. 戈莱码（Golay Code）

戈莱码是一种最小码距为 $d_{\min} = 7$ 的二进制（23，12）循环码，该码的生成多项式为

$$g(X) = X^{11} + X^9 + X^7 + X^6 + X^5 + X + 1 \tag{4-72}$$

将戈莱码附加上一个偶检验位之后便可以得到（24，12）扩展戈莱码（Extended Golay Code），其最小码距变为 $d_{\min} = 8$。扩展戈莱码的码率为 0.5，这使得该码比格雷码更容易实现，并且纠错能力比汉明码要强不少，但是付出的代价是更复杂的译码器和更多的带宽（更低的码率）。

除了上面讨论的汉明码和戈莱码之外，实际当中更为常用的是称作 BCH 码的一类循环码。BCH 码可以对码字长度、码率、纠错能力、符号集合等参数提供更为灵活的选择，因此得到了广泛的应用，该码的详细讨论将在下章进行。

4.6 习题

4-1 设计一个可以检测出所有 1 个、3 个、5 个和 7 个错误的（n，k）奇偶检验码，确定 n 和 k 的值。如果该码通过错误转移概率为 $p = 0.01$ 的二进制对称信道传输，求此时该码不能检测出错误的概率。

4-2 某（24，12）线性分组码可以纠正所有 1 位和 2 位的错误图样，并且不能纠正多于 2 位的错误。如果该码通过符号错误概率为 10^{-3} 的信道传输，求该码的译码错误概率。

4-3 对于一个符号错误概率为 10^{-3} 的传输信道，考虑以下两个问题：

（1）如果不采用信道编码，那么 92 位长的消息分组经该信道传输后的分组错误概率是多少？

（2）如果采用一个能够纠正 3 位错误的（127，92）线性分组码，则经该信道传输后的分组错误概率又是多少？

4-4　某线性分组码的最小码距是 11，求该码的最大纠错能力和最大检错能力，如果该码同时用于纠错和检错时可以采用什么方案？

4-5　请分析（5，1）重复码的纠错和检错能力。

4-6　讨论 $n=5$ 时奇偶校验码的纠错和检错能力。

4-7　如果一个（7，4）线性分组码的生成矩阵为

$$\boldsymbol{G} = \begin{pmatrix} 1 & 1 & 1 & 1 & 0 & 0 & 0 \\ 1 & 0 & 1 & 0 & 1 & 0 & 0 \\ 0 & 1 & 1 & 0 & 0 & 1 & 0 \\ 1 & 1 & 0 & 0 & 0 & 0 & 1 \end{pmatrix}$$

（1）求该码的所有码字。

（2）确定该码的监督矩阵 $\boldsymbol{H}$。

（3）如果接收向量为 $\boldsymbol{r} = (1101101)$，求其对应的伴随式，并判断该接收向量是不是一个合法码字。

（4）该码的纠错能力是多少？

（5）该码的检错能力又是多少？

4-8　如果一个系统形式的线性分组码的校验等式为

$$p_1 = m_1 + m_2 + m_4$$
$$p_2 = m_1 + m_3 + m_4$$
$$p_3 = m_1 + m_2 + m_3$$
$$p_4 = m_2 + m_3 + m_4$$

式中 m_i 表示消息符号，p_i 表示校验符号。

（1）确定该码的生成矩阵和监督矩阵。

（2）该码能够纠正多少个错误？

（3）向量（10101010）是不是一个合法码字？

（4）向量（01011100）是不是一个合法码字？

4-9　某个线性分组码的码字具有如下格式

$(m_1 + m_2 + m_4 + m_5, \ m_1 + m_3 + m_4 + m_5, \ m_1 + m_2 + m_3 + m_5, \ m_1 + m_2 + m_3 + m_4, \ m_1, m_2, m_3, m_4, m_5)$

（1）求该码的生成矩阵。

（2）求该码的监督矩阵。

（3）确定该码的 n、k 和 $d_{\min}$。

4-10　设计一个（n，k）=（5，2）线性分组码。

（1）要求选择的码字是系统形式，并且使得最小码距 $d_{\min}$ 最大。

（2）确定该码的生成矩阵和监督矩阵。

（3）给出所有 5 元组构成的标准阵列。

（4）该码的纠错和检错能力如何？

（5）给出可纠正错误模式的伴随式查询表。

4-11 给出（5，1）重复码的标准阵列，该码是一个完美码吗？

4-12 设计一个可以纠正所有单个错误的（3，1）线性分组码，给出码字集合和该码的标准阵列。

4-13 分别判断（7，3）、（7，4）和（15，11）是不是完美码。

4-14 某（15，11）线性分组码用下列校验阵列来定义：

$$P = \begin{pmatrix} 0 & 0 & 1 & 1 \\ 0 & 1 & 0 & 1 \\ 1 & 0 & 0 & 1 \\ 0 & 1 & 1 & 0 \\ 1 & 0 & 1 & 0 \\ 1 & 1 & 0 & 0 \\ 0 & 1 & 1 & 1 \\ 1 & 1 & 1 & 0 \\ 1 & 1 & 0 & 1 \\ 1 & 0 & 1 & 1 \\ 1 & 1 & 1 & 1 \end{pmatrix}$$

（1）求出该码的监督矩阵。

（2）列出标准阵列的陪集首，该码是完美码吗？

（3）如果接收向量为 $r = (011111001011011)$，计算对应的伴随式，并给出译码结果。

4-15 请判断下列多项式是否可以生成一个码长 $n \le 7$ 的循环码，并给出所有可能的 (n, k) 值。

（1）$X^4 + X^3 + 1$。

（2）$X^4 + X^2 + 1$。

（3）$X^4 + X^3 + X + 1$。

（4）$X^4 + X^2 + X + 1$。

（5）$X^5 + X^3 + 1$。

4-16 对于生成多项式为 $g(X) = X^4 + X^2 + X + 1$ 的循环码，请使用多项式除法运算将消息向量 $m = (101)$ 编码成系统形式的码字。

4-17　对于一个生成多项式为 $g(X) = X^3 + X^2 + X + 1$ 的（8，5）循环码，利用反馈移位寄存器设计该码的编码器，并使用该编码器对消息向量 $\boldsymbol{m} = (10101)$ 进行系统形式的编码。

4-18　如果某（15，5）循环码的生成多项式为

$$g(X) = X^{10} + X^8 + X^5 + X^2 + X + 1$$

（1）画出该码的编码器结构。

（2）确定消息多项式 $m(X) = X^4 + X^2 + 1$ 对应的码字多项式（系统形式）。

（3）判断多项式 $v(X) = X^{14} + X^8 + X^6 + X^4 + 1$ 是否为一个码字多项式。

4-19　考虑一个生成多项式为 $g(X) = X^4 + X + 1$ 的（15，11）循环码。

（1）画出该码的编码器和译码器结构。

（2）结合消息向量 $\boldsymbol{m} = (11001101011)$ 说明编码过程，并列出寄存器状态的变化。

（3）结合上问中获得的码字，说明译码过程，并列出寄存器状态的变化。

第 5 章　BCH 码和 RS 码

BCH 码是 Bose – Chaudhuri – Hocquenghem 码的简称，是一种可以纠正多个随机错误的循环码。该码于 1959 年由 Hocquenghem、1960 年由 Bose 和 Chaudhuri 分别独立提出，是一种很好的线性纠错码类。RS 码是 Reed – Solomon 码的简称，由 Reed 和 Solomon 于 1960 年首先构造得到，是一类具有很强纠错能力的多进制 BCH 码。

BCH 码和 RS 码具有严格的代数结构，是目前研究最为详尽，分析最为透彻，取得成果也最多的码类，并且纠错能力很强，在中短码长情况下其性能很接近理论值，因此在编码理论中起着重要作用。

在介绍具体的编译码之前，先介绍有限域的概念。

5.1　有限域

5.1.1　有限域的定义

为了深入讨论线性分组码的性质，需要了解有限域（Finite Field）的概念及其性质。简单地说，一个域（Field）是指可以进行加、减、乘、除运算的一些对象的集合。为了引入域的概念，首先给出阿贝尔群（Abelian Group）的定义。

对于集合 G，定义符号" + "表示一种二元运算，如果满足下面的条件则称该集合为阿贝尔群：

（1）该运算满足交换律。即对于任意 a，$b \in G$，有 $a + b = b + a$。

（2）该运算满足结合律。即对于任意 a，b，$c \in G$，有 $(a + b) + c = a + (b + c)$。

（3）该运算具有可以用"0"表示的幺元（Identity Element）。即对于任意 $a \in G$，有 $a + 0 = 0 + a = a$。

（4）对于任意一个元素 $a \in G$，均存在一个元素 $-a \in G$ 满足 $a + (-a) = (-a) + a = 0$，其中元素 $-a$ 称为 a 的加法逆。

因此，一个阿贝尔群通常可以记作 $\{G, +, 0\}$。注意：在上面的定义中用了符号" + "表示的"加法"运算。有时候阿贝尔群也可以改用符号" · "表示的"乘法"运算来进行定义，这种情况下的幺元可以用符号"1"来表示，而该群可以记作 $\{G, \cdot, 1\}$，此时元素

$a \in G$的乘法逆则可以表示为 a^{-1}。

下面给出有限域的定义。有限域也称为伽罗华域（Galois Field）。

对于有限个元素构成的一个集合 F，定义了分别用"＋"和"·"表示的加法和乘法两种二元运算，如果满足下列条件则称集合 F 为有限域：

（1）$\{F, +, 0\}$是一个阿贝尔群。

（2）$\{F - \{0\}, ·, 1\}$也是一个阿贝尔群，即集合 F 中的非零元素在乘法运算下也构成一个阿贝尔群。

（3）乘法满足分配律：$a · (b + c) = a · b + a · c$。

综上，一个有限域常常记作$\{F, +, ·\}$。

显然，由所有实数构成的集合 $\mathbb{R}$ 在正常的加法和乘法运算下是一个域（但不是有限域）；集合 $F = \{0, 1\}$在模 2 加法和乘法运算下构成一个有限域，该域称为二进制域，记作 GF（2）。二进制域上的加法和乘法运算规则如表 5-1 所示。

表 5-1　GF（2）的加法与乘法

+	0	1		·	0	1
0	0	1		0	0	0
1	1	0		1	0	1

5.1.2　域的特征和基域

根据代数学的基本定理可知，包含 q 个元素的有限域 $GF(q)$存在的充要条件是 $q = p^m$，式中 p 是一个素数，m 是一个正整数。此外还可以证明，如果 $GF(q)$存在，则该域在同构（Isomorphism）意义下是唯一的，这意味着任何两个相同尺寸的有限域在重新命名元素之后可以相互转化。

对于某素数 p，当 $q = p$ 时得到的有限域 $GF(q)$可以表示成 $GF(p) = \{0, 1, 2, \cdots, p-1\}$，该域中的两种运算是模 p 加法和乘法，例如 $GF(5) = \{0, 1, 2, 3, 4\}$；当 $q = p^m$ 时得到的有限域 $GF(q) = GF(p^m)$称为 $GF(p)$的扩展域（Extension Field），其中 $m \geq 2$，而 $GF(p)$称为 $GF(q)$的基域（Ground Field），p 称为有限域 $GF(p^m)$的特征（Characteristic）。

5.1.3　有限域上的多项式

为了便于研究扩展域的结构，下面来定义有限域上的多项式。有限域 $GF(p)$上的 m 阶多项式可以表示为

$$g(X) = g_m X^m + \cdots + g_2 X^2 + g_1 X + g_0 \tag{5-1}$$

式中，g_i 是取自 GF(p) 上的元素，$0 \leqslant i \leqslant m$，且 $g_m \neq 0$。定义在有限域 GF(p) 上的多项式之间的加法和乘法遵循正常的加法和乘法规则，但是多项式系数之间的加法和乘法要按照模 p 运算。如果式（5-1）中的 $g_m = 1$，则该多项式称为首一多项式（Monic Polynomial）。

如果定义在 GF(p) 上的 m 阶多项式不能分解为同一个域上的两个低阶多项式的乘积，则称该多项式为不可约多项式（Irreducible Polynomial）。例如在有限域 GF(2) 上，$X^2 + X + 1$ 是一个不可约多项式，而 $X^2 + 1$ 则不是一个不可约多项式，因为 $X^2 + 1 = (X + 1)^2$。

同时满足首一和不可约性质的多项式称为素多项式（Prime Polynomial）。

由代数学的基本结论可知，有限域 GF(p) 上的 m 阶多项式会有 m 个根（有些可能是重根），但是这些根不一定会在 GF(p) 上，而可能在 GF(p) 的某个扩展域上。

5.1.4 扩展域的结构

对于有限域 GF(p) 上的多项式，根据定义可知小于 m 的多项式一共有 p^m 个，其中包括 $g(X) = 0$ 和 $g(X) = 1$ 两个特殊多项式。

假设 $g(X)$ 是一个 GF(p) 上的 m 阶素多项式，下面考虑一个由 GF(p) 上所有阶小于 m 的多项式组成的集合，该集合中元素之间的运算遵循正常的加法和模 $g(X)$ 的多项式乘法，可以证明，这样得到的多项式集合构成了一个有限域 GF(p^m)，显然该域是 GF(p) 的一个扩展域。

【例 5-1】利用有限域 GF(2) 上的素多项式 $X^2 + X + 1$ 来构造扩展域 GF(2^2) = GF(4)。

【解】显然，GF(2) 上阶小于 2 的所有多项式为：0，1，X 和 $X + 1$。这些元素构成的集合便是有限域 GF(4)，即

$$GF(4) = \{0, 1, X, X + 1\} \tag{5-2}$$

GF(4) 元素之间的加法和乘法运算规则分别如表 5-2 和表 5-3 所示。注意在表 5-3 中两个多项式的相乘结果是模 $X^2 + X + 1$ 之后的余式。

表 5-2 GF(4) 的加法

+	0	1	X	$X + 1$
0	0	1	X	$X + 1$
1	1	0	$X + 1$	X
X	X	$X + 1$	0	1
$X + 1$	$X + 1$	X	1	0

此外，从表 5-3 的结果可以发现：GF(4) 中的所有非零元素均可以表示成 X 的某次幂，即 $X = X^1$，$X + 1 = X^2$，$1 = X^3$。

表 5-3　GF(4) 的乘法

·	0	1	X	$X+1$
0	0	0	0	0
1	0	1	X	$X+1$
X	0	X	$X+1$	1
$X+1$	0	$X+1$	1	X

【例 5-2】利用有限域 GF(2) 上的素多项式 X^3+X+1 来构造扩展域 $GF(2^3)=GF(8)$。

【解】GF(2) 上阶小于 3 的所有多项式构成的扩展域为

$$GF(8)=\{0,1,X,X^2,X+1,X^2+X,X^2+X+1,X^2+1\} \tag{5-3}$$

此处，仍可以发现 GF(8) 中所有非零元素都可以写成 X 的某次幂的形式：$X^1=X$，$X^2=X^2$，$X^3=X+1$，$X^4=X^2+X$，$X^5=X^2+X+1$，$X^6=X^2+1$，$X^7=1=X^0$。另外，GF(8) 中的各个元素也可以用式（5-3）中各个多项式对应的长度为 3 的系数向量来表示。

综上，有限域 GF(8) 中各元素的三种等价表示方法如表 5-4 所示。

表 5-4　GF(8) 元素的三种表示方法

幂形式	多项式形式	向量形式
—	0	000
$X^0=X^7$	1	001
X^1	X	010
X^2	X^2	100
X^3	$X+1$	011
X^4	X^2+X	110
X^5	X^2+X+1	111
X^6	X^2+1	101

观察上表可以发现：当计算扩展域中元素之间加法的时候，使用多项式形式或向量形式比较简便；而当计算元素之间乘法的时候，使用幂形式比较简便。例如 X^2+X+1 和 X^2+1 两个元素，相加的结果为 $(X^2+X+1)+(X^2+1)=X$，而这两个元素对应的幂形式分别为 X^5 和 X^6，于是这两个元素之间的相乘结果为 $(X^2+X+1)(X^2+1)=X^5X^6=X^{11}=X^4=X^2+X$。

5.1.5　本原元素和本原多项式

对于任意一个非零元素 $\beta\in GF(q)$，满足等式 $\beta^i=1$ 的最小整数 i 称为元素 β 的阶（Order）。可以证明，等式 $\beta^{q-1}=1$ 一定成立，所以元素 β 的阶的最大值等于 $q-1$。如果 GF(q) 的某个非零元素的阶为 $q-1$，则称该元素为本原元素（Primitive Element）。显然，在例

5-1 和例 5-2 中 X 均是本原元素。

本原元素最为重要的特性是其各次幂可以生成所在有限域的所有非零元素。此外，本原元素不是唯一的，例如在例 5-2 研究的 GF(8) 中 X^2 和 $X+1$ 两个元素也是本原元素，而元素 $X^0 = 1$ 则不是本原元素，因为该元素的阶为 1。

根据前面给出的素多项式的定义可知，有限域 GF(p) 上阶为 m 的素多项式可能会有多个，所以会有多个构造扩展域 GF(p^m) 的方法，但是这些扩展域均是同构的。为了分析方便，通常希望 X 是 GF(p^m) 的一个本原元素，这样的话很容易通过求 X 的各次幂来找到该域中的所有非零元素。

设 GF(p^m) 由素多项式 $g(X)$ 生成，如果 X 是 GF(p^m) 的一个本原元素，则称 $g(X)$ 为本原多项式（Primitive Polynomial）。可以证明，任意阶的本原多项式都存在，所以对于任意的正整数 m 和任意一个素数 p，均可以生成 X 为本原元素的扩展域 GF(p^m)，也就说该域中所有的非零元素都可以表示为 X^i，$0 \leq i < p^m - 1$。在后面的内容中，均假设有限域是由本原多项式生成的。

【例 5-3】 $g_1(X) = X^4 + X + 1$ 和 $g_2(X) = X^4 + X^3 + X^2 + X + 1$ 都是 GF(2) 上的 4 阶素多项式，二者都可以用来生成 GF(2^4)，请判断它们是不是本原多项式。

【解】 只需要判断分别在 $g_1(X)$ 和 $g_2(X)$ 生成的 GF(2^4) 中元素 X 是否为本原元素即可。

首先考查由 $g_1(X)$ 生成的 GF(2^4)，元素 X 的各次幂分别为：X^1，X^2，X^3，$X^4 = X + 1$，$X^5 = X^2 + X$，$X^6 = X^3 + X^2$，$X^7 = X^3 + X + 1$，$X^8 = X^2 + 1$，$X^9 = X^3 + X$，$X^{10} = X^2 + X + 1$，$X^{11} = X^3 + X^2 + X$，$X^{12} = X^3 + X^2 + X + 1$，$X^{13} = X^3 + X^2 + 1$，$X^{14} = X^3 + 1$，$X^{15} = 1$。所以 X 是本原元素，从而可知 $g_1(X)$ 是本原多项式。

接着考查由 $g_2(X)$ 生成的 GF(2^4)，在该种情况下元素 X 的各次幂分别为：X^1，X^2，X^3，$X^4 = X^3 + X^2 + X + 1$，$X^5 = 1$。所以此时 X 的阶为 5，不是本原元素，于是可知 $g_2(X)$ 不是本原多项式。

接下来给出本原多项式的另一种定义。

可以证明，GF(p) 上的任意 m 阶素多项式 $g(X)$ 均可以整除 $X^{p^m-1} + 1$。不过，$g(X)$ 也可能整除 $X^i + 1$，其中 $i < p^m - 1$。例如，素多项式 $X^4 + X^3 + X^2 + X + 1$ 可以整除 $X^{2^4-1} + 1$（$X^{15} + 1$），也可以整除 $X^5 + 1$。令 i 表示可以使素多项式 $g(X)$ 整除 $X^i + 1$ 的最小整数，如果 $i = p^m - 1$，则 $g(X)$ 是一个本原多项式。这是本原多项式的第二种等价定义，该定义表明当 $i < p^m - 1$ 时，本原多项式 $g(X)$ 不能整除 $X^i + 1$。显然，m 阶本原多项式 $g(X)$ 的所有根都将是 GF(p^m) 的本原元素。

常用的本原多项式一般会以表格的形式列出以便查询，例如表 5-5 给出了 $2 \leq m \leq 12$ 时的一些本原多项式。

表 5-5 **m 阶本原多项式**（$2 \leqslant m \leqslant 12$）

m	本原多项式
2	$X^2 + X + 1$
3	$X^3 + X + 1$
4	$X^4 + X + 1$
5	$X^5 + X^2 + 1$
6	$X^6 + X + 1$
7	$X^7 + X^3 + 1$
8	$X^8 + X^4 + X^3 + X^2 + 1$
9	$X^9 + X^4 + 1$
10	$X^{10} + X^3 + 1$
11	$X^{11} + X^2 + 1$
12	$X^{12} + X^6 + X^4 + X + 1$

【例5-4】利用本原多项式 $g(X) = X^4 + X + 1$ 来构造 GF(16)，如果 α 是 $g(X)$ 的一个根，请给出 GF(16) 的所有元素。

【解】因为 α 是本原多项式 $g(X)$ 的根，所以 α 是 GF(16) 的一个本原元素，于是 GF(16) 的所有非零元素都可以写作 α^i 的形式，其中 $0 \leqslant i < 15$。表 5-6 给出了 GF(16) 中元素的三种等价表示形式。

表 5-6　**GF(16) 的元素**

幂形式	多项式形式	向量形式
—	0	0000
$\alpha^0 = \alpha^{15}$	1	0001
α^1	α	0010
α^2	α^2	0100
α^3	α^3	1000
α^4	$\alpha + 1$	0011
α^5	$\alpha^2 + \alpha$	0110
α^6	$\alpha^3 + \alpha^2$	1100
α^7	$\alpha^3 + \alpha + 1$	1011
α^8	$\alpha^2 + 1$	0101
α^9	$\alpha^3 + \alpha$	1010
α^{10}	$\alpha^2 + \alpha + 1$	0111
α^{11}	$\alpha^3 + \alpha^2 + \alpha$	1110
α^{12}	$\alpha^3 + \alpha^2 + \alpha + 1$	1111
α^{13}	$\alpha^3 + \alpha^2 + 1$	1101
α^{14}	$\alpha^3 + 1$	1001

根据上表容易验证：α^3、α^6、α^9、α^{12} 四个元素的阶均为5；α^5、α^{10} 两个元素的阶为3；α、α^2、α^4、α^8、α^7、α^{14}、α^{11}、α^{13} 八个元素的阶是15，故均为本原元素。

5.1.6 最小多项式和共轭元素

某个域元素的最小多项式（Minimal Polynomial）是指以该元素为根的基域上最低阶的首一多项式。设 β 是 $GF(2^m)$ 上的一个非零元素，则 β 的最小多项式 $\phi_\beta(X)$ 是指系数在 $GF(2)$ 上，且满足 $\phi_\beta(\beta) = 0$ 的最低阶首一多项式。显然，$\phi_\beta(X)$ 是 $GF(2)$ 上的一个素多项式，可以整除 $GF(2)$ 上以 β 为根的所有其他多项式，例如 $f(X)$ 是 $GF(2)$ 上满足 $f(\beta) = 0$ 的任意一个多项式，则其可以表示成 $f(X) = a(X)\phi_\beta(X)$。

接下来讨论如何获得某个域元素的最小多项式。

设 $\beta \in GF(2^m)$ 且 $\beta \neq 0$，则必定有等式 $\beta^{2^m-1} = 1$，但是对于某个整数 $l < m$ 也可能会有等式 $\beta^{2^l-1} = 1$。例如，对于 $GF(16)$ 中的一个元素 $\beta = \alpha^5$，显然 $\beta^3 = \beta^{2^2-1} = 1$，所以对于该元素 β 有 $l = 2 < m$。

可以证明，任意元素 $\beta \in GF(2^m)$ 的最小多项式可以表示为

$$\phi_\beta(X) = \prod_{i=0}^{l-1} (X + \beta^{2^i}) \tag{5-4}$$

上式中 l 是满足 $\beta^{2^l-1} = 1$ 的最小整数。由上式可知，除了 β 之外 $\phi_\beta(X)$ 的其他所有根均具有 β^{2^i} 形式（$1 < i \leq l-1$），所有这些根都称为 β 的共轭（Conjugates）。可以证明，一个有限域中任意元素的共轭均会具有相同的阶，于是本原元素的共轭也会是本原元素。但是，具有相同阶的元素之间却不一定是共轭关系。某个有限域中具有共轭关系的所有元素被称为属于同一个共轭类（Conjugacy Class）。

求解元素 $\beta \in GF(q)$ 的最小多项式的步骤如下：

1）确定 β 的共轭类 $\{\beta, \beta^2, \beta^4, \cdots, \beta^{2^{(l-1)}}\}$，即所有具有 β^{2^i} 形式的元素，式中 $0 \leq i \leq l-1$，l 是满足 $\beta^{2^l} = \beta$ 的最小正整数；

2）使用式（5-4）来确定 $\phi_\beta(X)$，该式便是以 β 的共轭类为根的首一多项式。

利用上述步骤获得的最小多项式 $\phi_\beta(X)$ 一定会是系数在 $GF(2)$ 上的素多项式。

【例5-5】确定 $GF(16)$ 中所有元素的共轭类与最小多项式。

【解】由表5-6可知，如果元素 α 是一个本原元素，因为 $\alpha^{16} = \alpha^{2^4} = \alpha$，所以 $l = 4$，于是该元素的共轭类为 $\{\alpha, \alpha^2, \alpha^4, \alpha^8\}$，其最小多项式为

$$\phi_\alpha(X) = \prod_{i=0}^{3} (X + \alpha^{2^i}) = (X + \alpha)(X + \alpha^2)(X + \alpha^4)(X + \alpha^8)$$
$$= X^4 + X + 1$$

对于元素 $\beta = \alpha^3$，因为 $\beta^{16} = \beta^{2^4} = \alpha^{48} = \alpha^3 = \beta$，所以 $l = 4$，于是该元素的共轭类为 $\{\beta, \beta^2, \beta^4, \beta^8\} = \{\alpha^3, \alpha^6, \alpha^{12}, \alpha^9\}$，其最小多项式为

$$\phi_\beta(X) = \prod_{i=0}^{3}(X + \beta^{2^i}) = (X + \alpha^3)(X + \alpha^6)(X + \alpha^{12})(X + \alpha^9)$$

$$= X^4 + X^3 + X^2 + X + 1$$

对于元素 $\gamma = \alpha^5$，因为 $\gamma^4 = \gamma^{2^2} = \alpha^{20} = \alpha^5 = \gamma$，所以 $l = 2$，于是该元素的共轭类为 $\{\gamma, \gamma^2\} = \{\alpha^5, \alpha^{10}\}$，其最小多项式为

$$\phi_\gamma(X) = \prod_{i=0}^{1}(X + \gamma^{2^i}) = (X + \alpha^5)(X + \alpha^{10})$$

$$= X^2 + X + 1$$

对于元素 $\delta = \alpha^7$，因为 $\delta^{16} = \delta^{2^4} = \alpha^{112} = \alpha^7 = \delta$，所以 $l = 4$，于是该元素的共轭类为 $\{\delta, \delta^2, \delta^4, \delta^8\} = \{\alpha^7, \alpha^{14}, \alpha^{13}, \alpha^{11}\}$，其最小多项式为

$$\phi_\delta(X) = \prod_{i=0}^{3}(X + \delta^{2^i}) = (X + \alpha^7)(X + \alpha^{14})(X + \alpha^{13})(X + \alpha^{11})$$

$$= X^4 + X^3 + 1$$

容易验证，元素 α 和 δ 都是本原元素，但是二者却属于不同的共轭类，从而会有不同的最小多项式。

从前面的讨论可知，有限域 $\mathrm{GF}(p^m)$ 的所有 p^m 个元素均为下列方程的根：

$$X^{p^m} - X = 0 \tag{5-5}$$

即 $\mathrm{GF}(p^m)$ 的所有非零元素是下列方程的根：

$$X^{p^m - 1} - 1 = 0 \tag{5-6}$$

上式表明：多项式 $X^{2^m - 1} - 1$ 可以在 $\mathrm{GF}(2)$ 上唯一分解为对应于 $\mathrm{GF}(2^m)$ 中各个非零元素的共轭类的最小多项式的乘积。实际上，$X^{2^m - 1} - 1$ 可以分解为 $\mathrm{GF}(2)$ 上阶可以整除 m 的所有素多项式的乘积。例如，利用例 5-5 中的结论显然可得 $X^{2^4 - 1} - 1 = \phi_\alpha(X)\phi_\beta(X)\phi_\gamma(X)\phi_\delta(X)(X + 1)$。

5.2　BCH 码

BCH 码是由 Bose、Ray – Chaudhuri 和 Hocquenghem 发现的一大类可以纠正多个错误的循环码。BCH 码具有丰富的代数结构，这使得其译码器可以使用更有效的代数译码算法。此外，BCH 码对于广泛的设计参数（码率、码长等）均存在，且适用于二进制和非二进制符号，是最为著名的中短长度编码方式之一。

5.2.1　BCH 码的结构

因为 BCH 码是一种循环码，因此也可以用生成多项式 $g(X)$ 来描述。接下来介绍一种

称作本原二进制 BCH 码（Primitive Binary BCH Code）的编码和译码方法。这种码的码长为 $n = 2^m - 1$，其中整数 $m \geq 3$。对于任意的 $t < 2^{m-1}$，这种码可以纠正不少于 t 个错误。实际上，对于任意两个正整数 $m \geq 3$ 和 $t < 2^{m-1}$，均可以设计一个参数满足下列关系的 BCH 码：

$$\begin{cases} n = 2^m - 1 \\ n - k \leq mt \\ d_{\min} \geq 2t + 1 \end{cases} \tag{5-7}$$

上面第一个等式可以确定码的长度，第二个不等式给出了该码校验位长度的上界，第三个不等式表明该码至少可以纠正 t 个错误。

5.2.2 BCH 码的生成多项式

为了生成一个可以纠正 t 个错误的 BCH 码，可以从有限域 $GF(2^m)$ 中选取一个本原元素 α，那么以 α，α^2，α^3，$\cdots$，α^{2t} 为根的 $GF(2)$ 上的最低阶多项式 $g(X)$ 便是该码的生成多项式。

根据前面介绍的最小多项式的定义可知，$GF(2)$ 上任何以 $\beta \in GF(2^m)$ 为根的多项式均可以被 β 的最小多项式 $\phi_\beta(X)$ 整除。因此，生成多项式 $g(X)$ 一定可以被 α^i 的最小多项式 $\phi_{\alpha^i}(X)$ 整除，其中 $1 \leq i \leq 2t$，又因为 $g(X)$ 应为满足该条件的最低阶多项式，于是可得

$$g(X) = LCM[\phi_{\alpha^i}(X), 1 \leq i \leq 2t] \tag{5-8}$$

式中，$LCM[\cdot]$ 表示取最小公倍数。另外，根据前一节的讨论可知，$\{\alpha, \alpha^2, \alpha^4, \cdots\}$ 在同一个共轭类中，于是对应于 $i = 1$，2，4，$\cdots$ 的各个 $\phi_{\alpha^i}(X)$ 是相同的；同理，$\{\alpha^3, \alpha^6, \alpha^{12}, \cdots\}$ 的最小多项式也相同。因此，在确定 $g(X)$ 表达式的时候仅考虑奇数值的 i 就足够了。于是可得

$$g(X) = LCM[\phi_\alpha(X), \phi_{\alpha^3}(X), \phi_{\alpha^5}(X), \cdots, \phi_{\alpha^{2t-1}}(X)] \tag{5-9}$$

因为最小多项式 $\phi_{\alpha^i}(X)$ 的阶不会超过 m，于是 $g(X)$ 的阶最多为 mt，所以 $n - k \leq mt$。

假设 $c(X)$ 是 BCH 码的任一码字多项式，那么根据循环码的性质可知该码的生成多项式 $g(X)$ 将是 $c(X)$ 的一个因式。因此，对应于 $1 \leq i \leq 2t$ 的所有 α^i 都将是 $c(X)$ 的根，于是

$$c(\alpha^i) = 0, \quad 1 \leq i \leq 2t \tag{5-10}$$

上式是判断一个阶小于 n 的多项式是否为一个合法 BCH 码字多项式的充要条件。

【例 5-6】设计一个能够纠正单个错误（$t = 1$）的 BCH 码，要求码长 $n = 15$（即 $m = 4$）。

【解】选取 $GF(2^4)$ 上的一个本原元素 α，则由例 5-5 的结果可知 α 的最小多项式为 $\phi_\alpha(X) = X^4 + X + 1$，显然该式是一个阶为 4 的本原多项式。于是，该 BCH 码的生成多项式为

$$g(X) = \phi_\alpha(X) = X^4 + X + 1$$

由上式可知 $n-k=4$，$k=11$。因为对于 BCH 码有 $d_{min} \geqslant 2t+1=3$，而观察上式可知 $g(X)$ 对应码字向量的重量为 3，所以可确定 $d_{min}=3$。综上，该 BCH 码是一个可以纠正 1 个错误的（15，11）码，其最小码距为 3，实际上该码是一个循环汉明码（Cyclic Hamming Code）。一般而言，循环汉明码是可以纠正单个错误的 BCH 码。

【例 5-7】设计一个能够纠正四个错误（$t=4$）的 BCH 码，要求码长 $n=15$（即 $m=4$）。

【解】仍然假设 α 是 $GF(2^4)$ 上的一个本原元素，那么由例 5-5 的结果可知 α 的最小多项式为 $\phi_{\alpha}(X)=X^4+X+1$，α^3 的最小多项式为 $\phi_{\alpha^3}(X)=X^4+X^3+X^2+X+1$，$\alpha^5$ 的最小多项式为 $\phi_{\alpha^5}(X)=X^2+X+1$，$\alpha^7$ 的最小多项式为 $\phi_{\alpha^7}(X)=X^4+X^3+1$。因此，该 BCH 码的生成多项式为

$$
\begin{aligned}
g(X) &= \phi_{\alpha}(X)\phi_{\alpha^3}(X)\phi_{\alpha^5}(X)\phi_{\alpha^7}(X) \\
&= X^{14}+X^{13}+X^{12}+X^{11}+X^{10}+X^9+X^8+X^7+X^6+X^5+X^4+X^3+X^2+X+1
\end{aligned}
$$

由上式可知 $n-k=14$，$k=1$，该码的最小码距 $d_{min}=15$。因此该 BCH 码是一个（15，1）重复码（Repetition Code）。注意该 BCH 码是按照纠正 4 个错误来设计的，但实际上该码可以纠正最多 7 个错误。

【例 5-8】设计一个能够纠正两个错误（$t=2$）的 BCH 码，要求码长 $n=15$（即 $m=4$）。

【解】仍设 α 表示 $GF(2^4)$ 上的一个本原元素，且由例 5-5 的结果可知 α 的最小多项式为 $\phi_{\alpha}(X)=X^4+X+1$，α^3 的最小多项式为 $\phi_{\alpha^3}(X)=X^4+X^3+X^2+X+1$。因此，该 BCH 码的生成多项式为

$$
\begin{aligned}
g(X) &= \phi_{\alpha}(X)\phi_{\alpha^3}(X) \\
&= X^8+X^7+X^6+X^4+1
\end{aligned}
$$

由上式可知 $n-k=8$，$k=7$。因为对于 BCH 码有 $d_{min} \geqslant 2t+1=5$，而观察上式可知 $g(X)$ 对应的码字向量的重量为 5，所以可确定 $d_{min}=5$。

5.2.3　BCH 码的译码

BCH 码是一种循环码，所以适用于循环码的译码算法都能用于 BCH 码，例如前述的梅吉特译码器也可以用于 BCH 码的译码。此外，BCH 码还具有一般循环码所不具备的额外代数结构，这使得该码可以使用更有效的译码算法，特别是码长较大时这种优势更为明显。

设某码字向量 c 对应的码字多项式为 $c(X)$，则对于 $1 \leqslant i \leqslant 2t$ 均有 $c(\alpha^i)=0$。如果传输过程中的错误多项式为 $e(X)$，那么接收多项式为

$$
y(X)=c(X)+e(X) \tag{5-11}
$$

于是，可以将与上式对应的伴随式定义为

$$s_i = y(\alpha^i) = c(\alpha^i) + e(\alpha^i) = e(\alpha^i), 1 \leq i \leq 2t \tag{5-12}$$

显然，如果传输过程中没有发生错误，那么 $e(X) = 0$，则伴随式为零。该伴随式可以通过对接收向量 $\boldsymbol{y}$ 使用 $GF(2^m)$ 域运算来计算得到。

假设在码字向量 $\boldsymbol{c}$ 的传输过程中共有 v 个错误发生，且 $v \leq t$，其中 t 是该码的纠错能力，将这些错误的具体位置分别记作 j_1，j_2，$\cdots$，j_v。不失一般性，假设 $0 \leq j_1 < j_2 < \cdots < j_v \leq n-1$，于是

$$e(X) = X^{j_1} + X^{j_2} + \cdots + X^{j_{v-1}} + X^{j_v} \tag{5-13}$$

将式（5-13）带入式（5-12），可得

$$\begin{cases} s_1 = \alpha^{j_1} + \alpha^{j_2} + \cdots + \alpha^{j_v} \\ s_2 = (\alpha^{j_1})^2 + (\alpha^{j_2})^2 + \cdots + (\alpha^{j_v})^2 \\ \quad \vdots \\ s_{2t} = (\alpha^{j_1})^{2t} + (\alpha^{j_2})^{2t} + \cdots + (\alpha^{j_v})^{2t} \end{cases} \tag{5-14}$$

式（5-14）给出的方程组中共有 $2t$ 个方程，以及 v 个未知数：j_1，j_2，$\cdots$，j_v 或者是等价的 α^{j_1}，α^{j_2}，$\cdots$，α^{j_v}。通过解该方程组便可以求得 v 个未知数 α^{j_1}，α^{j_2}，$\cdots$，α^{j_v}，进而可得错误位置 j_1，j_2，$\cdots$，j_v。一旦得到错误位置，便可以对应修改这些位置的接收比特从而得到发射码字 $\boldsymbol{c}$ 的估计值。

如果定义 $\beta_i = \alpha^{j_i}$ 为错误位置数（Error Location Number），其中 $1 \leq i \leq v$，则式（5-14）可以改写为

$$\begin{cases} s_1 = \beta_1 + \beta_2 + \cdots + \beta_v \\ s_2 = \beta_1^2 + \beta_2^2 + \cdots + \beta_v^2 \\ \quad \vdots \\ s_{2t} = \beta_1^{2t} + \beta_2^{2t} + \cdots + \beta_v^{2t} \end{cases} \tag{5-15}$$

通过解该方程组，可以求得 v 个未知数 β_i，于是可以进一步确定 v 个错误位置。由于 β_i 是 $GF(2^m)$ 中的元素，所以在解上面方程组的时候应该使用 $GF(2^m)$ 内的运算规则。

为了解上面的方程组，下面定义错误定位多项式（Error Locator Polynomial）为

$$\sigma(X) = (1 + \beta_1 X)(1 + \beta_2 X) \cdots (1 + \beta_v X)$$

$$= \sigma_v X^v + \sigma_{v-1} X^{v-1} + \cdots + \sigma_1 X + \sigma_0 \tag{5-16}$$

显然，上式的根为 β_i^{-1}，$1 \leq i \leq v$，求解该多项式的根即可确定错误的位置。将式（5-16）展开之后可得

$$\begin{cases} \sigma_0 = 1 \\ \sigma_1 = \beta_1 + \beta_2 + \cdots + \beta_v \\ \sigma_2 = \beta_1\beta_2 + \beta_1\beta_3 + \cdots + \beta_{v-1}\beta_v \\ \vdots \\ \sigma_v = \beta_1\beta_2\beta_3\cdots\beta_v \end{cases} \tag{5-17}$$

利用式（5-15）和式（5-17），可得 $\sigma(X)$ 的系数与伴随式之间的关系如下：

$$\left.\begin{aligned} s_1 + \sigma_1 &= 0 \\ s_2 + \sigma_1 s_1 + 2\sigma_2 &= 0 \\ s_3 + \sigma_1 s_2 + \sigma_2 s_1 + 3\sigma_3 &= 0 \\ &\vdots \\ s_v + \sigma_1 s_{v-1} + \cdots + \sigma_{v-1} s_1 + v\sigma_v &= 0 \\ s_{v+1} + \sigma_1 s_v + \cdots + \sigma_{v-1} s_2 + \sigma_v s_1 &= 0 \\ &\vdots \end{aligned}\right\} \tag{5-18}$$

接下来，需要求得系数满足上面这些方程的最低阶多项式 $\sigma(X)$。在确定 $\sigma(X)$ 之后，便可以求得其根 β_i^{-1}，再由这些根的逆即可得到错误的位置。在确定 $\sigma(X)$ 之后，为了求得其根，可以将 $GF(2^m)$ 中所有 2^m 个元素分别代入 $\sigma(X)$ 进行验证。

5.2.4　BCH 码的 Berlekamp – Massey 译码算法

为了求得式（5-18）的解，不少研究者都提出了自己的算法，其中使用最普遍、实践中最重要的是采用了迭代译码的 Berlekamp – Massey 算法，简称为 BM 迭代译码算法。

在该算法中，首先找到满足式（5-18）中第一个等式的最低阶多项式 $\sigma^{(1)}(X)$，然后验证 $\sigma^{(1)}(X)$ 是否也满足第二个等式，并根据验证结果分别做如下处理：如果 $\sigma^{(1)}(X)$ 满足第二个等式，则记 $\sigma^{(2)}(X) = \sigma^{(1)}(X)$；如果 $\sigma^{(1)}(X)$ 不满足第二个等式，则引入一个修正项来修改 $\sigma^{(1)}(X)$ 从而得到 $\sigma^{(2)}(X)$，使得 $\sigma^{(2)}(X)$ 是满足前两个等式的最低阶多项式；重复该过程，直到获得一个同时满足式（5-18）中所有等式的最低阶多项式。

假设下式表示满足式（5-18）中前 μ 个等式的最低阶多项式

$$\sigma^{(\mu)}(X) = \sigma^{(\mu)}_{l_\mu} X^{l_\mu} + \sigma^{(\mu)}_{l_\mu-1} X^{l_\mu-1} + \cdots + \sigma^{(\mu)}_2 X^2 + \sigma^{(\mu)}_1 X + 1 \tag{5-19}$$

为了确定 $\sigma^{(\mu+1)}(X)$，可以计算求得第 μ 个偏差（Discrepancy），如下式所示：

$$d_\mu = s_{\mu+1} + \sigma^{(\mu)}_1 s_\mu + \sigma^{(\mu)}_2 s_{\mu-1} + \cdots + \sigma^{(\mu)}_{l_\mu} s_{\mu+1-l_\mu} \tag{5-20}$$

如果 $d_\mu = 0$，表明 $\sigma^{(\mu)}(X)$ 满足前 $\mu+1$ 个等式，于是有

$$\sigma^{(\mu+1)}(X) = \sigma^{(\mu)}(X) \tag{5-21}$$

如果 $d_\mu \neq 0$，则需要对 $\sigma^{(\mu)}(X)$ 进行修正来获得 $\sigma^{(\mu+1)}(X)$，如下式所示

$$\sigma^{(\mu+1)}(X) = \sigma^{(\mu)}(X) + d_\mu d_\rho^{-1} \sigma^{(\rho)}(X) X^{\mu-\rho} \qquad (5\text{-}22)$$

式中，$\rho < \mu$，且其选择原则为满足 $d_\rho \neq 0$ 的所有 ρ 中使得 $\rho - l_\rho$ 值最大的那个，其中 l_ρ 表示 $\sigma^{(\rho)}(X)$ 的阶。这样得到的 $\sigma^{(\mu+1)}(X)$ 是满足式（5-18）中前 $\mu+1$ 个等式的最低阶多项式。重复该过程直到获得 $\sigma^{(2t)}(X)$，该多项式的阶就是错误比特的个数，其根可以用来确定错误的位置。如果 $\sigma^{(2t)}(X)$ 的阶大于 t，则表明接收向量中错误个数多于 t，此时不能进行纠正。

综上，Berlekamp – Massey 译码算法的初始条件如表 5-7 所示，然后可以按照上述方法来迭代进行。

表 5-7　Berlekamp – Massey 算法

μ	$\sigma^{(\mu)}(X)$	d_μ	l_μ	$\mu - l_\mu$
-1	1	1	0	-1
0	1	s_1	0	0
1	$1 + s_1 X$			
2				
$\vdots$				
$2t$				

【例 5-9】考虑例 5-8 中可以纠正 2 个错误的 BCH 码，并利用 Berlekamp – Massey 算法对下列接收向量进行译码

$$y = (0,0,0,0,0,0,0,0,0,0,0,1,0,0,1)$$

【解】该接收向量对应的接收多项式为 $y(X) = X^3 + 1$，于是可得伴随式为

$$s_1 = y(\alpha) = \alpha^3 + 1 = \alpha^{14}$$

$$s_2 = y(\alpha^2) = \alpha^6 + 1 = \alpha^{13}$$

$$s_3 = y(\alpha^3) = \alpha^9 + 1 = \alpha^7$$

$$s_4 = y(\alpha^4) = \alpha^{12} + 1 = \alpha^{11}$$

在上面 4 个伴随式的计算过程中用到了表 5-6 中的结论。接下来，便可以按照表 5-7 中给出的 Berlekamp – Massey 算法来进行译码。

当 $\mu = 0$ 的时候，由表 5-7 可得

$$\sigma^{(0)}(X) = 1$$

$$d_0 = s_1 \neq 0 \implies \rho = -1, d_\rho = 1, \sigma^{(\rho)}(X) = 1$$

$$\sigma^{(1)}(X) = \sigma^{(0)}(X) + d_0 d_\rho^{-1} \sigma^{(\rho)}(X) X^{\mu-\rho} = 1 + \alpha^{14} X$$

当 $\mu = 1$ 的时候，有

$$\sigma_1^{(1)} = \alpha^{14}$$

$$d_1 = s_2 + \sigma_1^{(1)} s_1 = \alpha^{13} + \alpha^{14}\alpha^{14} = \alpha^{13} + \alpha^{13} = 0$$

$$\sigma^{(2)}(X) = \sigma^{(1)}(X) = 1 + \alpha^{14}X$$

当 $\mu = 2$ 的时候，有

$$\sigma_1^{(2)} = \alpha^{14}$$

$$d_2 = s_3 + \sigma_1^{(2)} s_2 = \alpha^7 + \alpha^{14}\alpha^{13} = \alpha^7 + \alpha^{12} = \alpha^2 \neq 0 \quad \Rightarrow \quad \rho = 0, d_\rho = \alpha^{14}, \sigma^{(\rho)}(X) = 1$$

$$\sigma^{(3)}(X) = \sigma^{(2)}(X) + d_2 d_\rho^{-1} \sigma^{(\rho)}(X) X^{2-\rho} = 1 + \alpha^{14}X + \alpha^3 X^2$$

当 $\mu = 3$ 的时候，有

$$\sigma_1^{(3)} = \alpha^{14}, \sigma_2^{(3)} = \alpha^3$$

$$d_3 = s_4 + \sigma_1^{(3)} s_3 + \sigma_2^{(3)} s_2 = \alpha^{11} + \alpha^{14}\alpha^7 + \alpha^3\alpha^{13} = \alpha^{11} + \alpha^6 + \alpha = 0$$

$$\sigma^{(4)}(X) = \sigma^{(3)}(X) = 1 + \alpha^{14}X + \alpha^3 X^2$$

综上，可知

$$\sigma(X) = 1 + \alpha^{14}X + \alpha^3 X^2$$

观察上式，可知错误定位多项式 $\sigma(X)$ 的阶为 2，表示接收向量中有 2 位错误，所以对应了一个可以纠正的错误图样，因此只需要求得该多项式的根便可以得到错误的位置。

为了求得 $\sigma(X)$ 的根，可以将 $\mathrm{GF}(2^4)$ 中的元素依次代入该多项式进行检验，最后求得该多项式的两个根为 1 和 α^{12}。这两个根的逆便是错误位置数，容易求得分别为 $\beta_1 = \alpha^0$ 和 $\beta_2 = \alpha^3$，于是可知错误比特的位置分别为 $j_1 = 0$ 和 $j_2 = 3$，因此错误多项式为 $e(X) = X^3 + 1$。所以，译码后恢复的码字多项式为 $c(X) = y(X) + e(X) = 0$，即对应的码字向量是全零码字向量。

5.3　RS 码

Reed – Solomon 码简称为 RS 码，是实际系统中使用最为广泛的一种编码方式，无论是在通信系统还是数据存储系统中都有普遍的应用。RS 码是一种特殊的非二进制的 BCH 码，最早由 Reed 和 Solomon 于 1960 年提出。

在构造码长为 $n = 2^m - 1$ 的二进制 BCH 码的时候，需要从 $\mathrm{GF}(2^m)$ 中选取一个本原元素 α，然后寻找对应于 α^i 的最小多项式，其中 $1 \leqslant i \leqslant 2t$。在前面的内容里，将 $\beta \in \mathrm{GF}(2^m)$ 的最小多项式定义为 $\mathrm{GF}(2)$ 上的最低阶首一多项式，实际上这种定义只是最小多项式一般性定义的一个特例，如果去掉最小多项式定义在 $\mathrm{GF}(2)$ 上的限制，则会得到阶数更低的其他形式的最小多项式。一个极端的例子是元素 $\beta \in \mathrm{GF}(2^m)$ 定义在 $\mathrm{GF}(2^m)$ 上的最小多项式，即以 β 为根的 $\mathrm{GF}(2^m)$ 上的最低阶多项式，显然 $X + \beta$ 便是该多项式。

RS 码是可以纠正 t 个错误的 2^m 进制 BCH 码，码长为 $N = 2^m - 1$ 个符号（即表示 mN 个二进制位）。在接下来对 RS 码的讨论中，码长用 N 来表示，消息符号的个数用 K 来表示，最小码距用 $D_{\min}$ 来表示。

5.3.1　RS 码的生成多项式

为了设计一个 RS 码，首先选择一个本原元素 $\alpha \in \mathrm{GF}(2^m)$，然后对于 $1 \leqslant i \leqslant 2t$ 分别求出 α^i 在 $\mathrm{GF}(2^m)$ 上的最小多项式，显然这些多项式可以表示为 $X + \alpha^i$，所以生成多项式为

$$g(X) = (X + \alpha)(X + \alpha^2)(X + \alpha^3) \cdots (X + \alpha^{2t})$$
$$= X^{2t} + g_{2t-1}X^{2t-1} + \cdots + g_1 X + g_0 \tag{5-23}$$

式中，$g_i \in \mathrm{GF}(2^m)$，$1 \leqslant i \leqslant 2t - 1$，即 $g(X)$ 是 $\mathrm{GF}(2^m)$ 上的一个多项式。$g(X)$ 便是 2^m 进制 RS 码的生成多项式，该码的码长为 $N = 2^m - 1$ 且 $N - K = 2t$。

对于 $1 \leqslant i \leqslant 2t$，因为 α^i 是 $\mathrm{GF}(2^m)$ 上的非零元素，所以它们都是 $X^{2^m-1} + 1$ 的根，于是 $g(X)$ 是 $X^{2^m-1} + 1$ 的一个因式。显然，$g(X)$ 的码重不会小于该码的最小码距 $D_{\min}$，而 $D_{\min} \geqslant 2t + 1$，因此由式（5-23）可知 $g(X)$ 的系数 g_i 都不会是零，于是该码的最小码重等于 $2t + 1$，即

$$D_{\min} = 2t + 1 = N - K + 1 \tag{5-24}$$

综上可知，RS 码是一个 2^m 进制的（$2^m - 1$，$2^m - 2t - 1$）BCH 码，且最小码距为 $D_{\min} = 2t + 1$，其中 $m \geqslant 3$ 为正整数，$1 \leqslant t \leqslant 2^{m-1} - 1$。此外，RS 码码字的重量分布式是可以准确计算出来的，例如对于 $\mathrm{GF}(q)$ 上码长为 $N = q - 1$ 的 RS 码，如果最小码距为 $D_{\min}$，则该码码字的重量分布可以用下式来求得：

$$A_i = C_N^i N \sum_{j=0}^{i-D_{\min}} (-1)^j C_{i-1}^j (N+1)^{i-j-D_{\min}} \tag{5-25}$$

式中，$D_{\min} \leqslant i \leqslant N$。

【例 5-10】 设计一个码长 $N = 15$ 且可以纠正 3 个错误（$t = 3$）的 RS 码，请给出生成多项式。

【解】 由 $N = 2^m - 1 = 15$ 可得 $m = 4$，因此 $K = 2^m - 2t - 1 = 9$。选取 $\mathrm{GF}(2^4)$ 上的一个本原元素 α，则生成多项式为

$$g(X) = (X + \alpha)(X + \alpha^2)(X + \alpha^3)(X + \alpha^4)(X + \alpha^5)(X + \alpha^6)$$
$$= (X^2 + \alpha^5 X + \alpha^3)(X^2 + \alpha^7 X + \alpha^7)(X^2 + \alpha^9 X + \alpha^{11})$$
$$= (X^4 + \alpha^{13}X^3 + \alpha^6 X^2 + \alpha^3 X + \alpha^{10})(X^2 + \alpha^9 X + \alpha^{11})$$
$$= X^6 + \alpha^{10}X^5 + \alpha^{14}X^4 + \alpha^4 X^3 + \alpha^6 X^2 + \alpha^9 X + \alpha^6$$

在上式的计算过程中用到了表 5-6。该码是一个 $\mathrm{GF}(2^4)$ 上可以纠正 3 个错误的（15，9）

RS 码，该码的码字长度为 15，码字中每个元素都是一个 2^4 进制的符号，于是每个码字等价于 60 位的二进制比特。

最为流行的 RS 码是 GF(2^4) 上的（255，223）码，其最小码距 $D_{\min} = 255 - 223 + 1 = 33$，从而该码能够纠正 16 个符号的错误，因此在突发信道中（即错误连续成串发生），该码可以纠正最大长度为 $16 \times 8 = 128$ 比特的突发错误，这说明 RS 对于突发错误的纠错能力较强。正是因为这个原因，RS 码在突发错误信道中具有特别大的吸引力。

5.3.2　RS 码的系统编码

因为 RS 码是一种循环码，故其系统形式的编码方法与前面的二进制循环码的方法类似，仍可以按照下列步骤来实现：将消息多项式 $m(X)$ 乘以 X^{n-k}；将 $X^{n-k}m(X)$ 除以生成多项式 $g(X)$，求得余式 $p(X)$；将余式 $p(X)$ 加至 $X^{n-k}m(X)$，即得码字多项式。

【例 5-11】设计一个可以纠正 2 个错误（$t = 2$）的（7，3）RS 码，请给出消息向量 $m = (\alpha^5, \alpha^3, \alpha) = (111, 011, 010)$ 的系统形式编码方案。

【解】由 $N = 2^m - 1 = 7$ 可得 $m = 3$。选取 GF(2^3) 上的一个本原元素 α，则生成多项式为

$$g(X) = (X + \alpha)(X + \alpha^2)(X + \alpha^3)(X + \alpha^4)$$
$$= (X^2 + \alpha^4 X + \alpha^3)(X^2 + \alpha^6 X + 1)$$
$$= X^4 + \alpha^3 X^3 + X^2 + \alpha X + \alpha^3$$

在上式的计算过程中用到了表 5-4。消息多项式为 $m(X) = \alpha^5 X^2 + \alpha^3 X + \alpha$，于是

$$X^{n-k}m(X) = X^4(\alpha^5 X^2 + \alpha^3 X + \alpha) = \alpha^5 X^6 + \alpha^3 X^5 + \alpha X^4$$

接下来将 $X^{n-k}m(X)$ 除以生成多项式 $g(X)$，可得

$$X^{n-k}m(X) = q(X)g(X) + p(X)$$

其中商式为 $q(X) = \alpha^5 X^2 + X + \alpha^4$，余式 $p(X) = \alpha^6 X^3 + \alpha^4 X^2 + \alpha^2 X + 1$ 为校验多项式。最后可得码字多项式为

$$c(X) = X^{n-k}m(X) + p(X) = \alpha^5 X^6 + \alpha^3 X^5 + \alpha X^4 + \alpha^6 X^3 + \alpha^4 X^2 + \alpha^2 X + 1$$

5.3.3　RS 码的译码

编码器生成的 RS 码字在信道传输过程中可能会发生错误。假设某码字 c 在传输过程中发生了 v 个错误，则对应的错误多项式可以表示为

$$e(X) = e_{j_1} X^{j_1} + e_{j_2} X^{j_2} + \cdots + e_{j_v} X^{j_v} \tag{5-26}$$

式中，j_l 表示第 l 个错误的错误位置（Error Location），e_{j_l} 表示第 l 个错误的错误值（Error Value），其中 $l \in \{1, 2, \cdots, v\}$。如果码字 c 对应的码字多项式为 $c(X)$，则对应的接收多项式为

$$r(X) = c(X) + e(X) \tag{5-27}$$

对应的伴随式分别为

$$s_i = r(\alpha^i) = c(\alpha^i) + e(\alpha^i) = e(\alpha^i)$$
$$= e_{j_1}(\alpha^{j_1})^i + e_{j_2}(\alpha^{j_2})^i + \cdots + e_{j_v}(\alpha^{j_v})^i, 1 \leqslant i \leqslant 2t \tag{5-28}$$

定义 $\beta_l = \alpha^{j_l}$ 为错误定位数（Error Locator Number）, $l \in \{1, 2, \cdots, v\}$, 则上式可以表示为

$$\begin{cases} s_1 = e_{j_1}\beta_1 + e_{j_2}\beta_2 + \cdots + e_{j_v}\beta_v \\ s_2 = e_{j_1}\beta_1^2 + e_{j_2}\beta_2^2 + \cdots + e_{j_v}\beta_v^2 \\ \quad\vdots \\ s_{2t} = e_{j_1}\beta_1^{2t} + e_{j_2}\beta_2^{2t} + \cdots + e_{j_v}\beta_v^{2t} \end{cases} \tag{5-29}$$

上式是一个 $2t$ 个方程组成的非线性方程组, 共有 $2t$ 个未知数, 其中 t 个位置数, t 个错误值。显然只要能够求得这 $2t$ 个未知数, 就可以实现译码, 所以任何可以求解上述方程组的方法都是一种 RS 码的译码算法。

和前面 BCH 译码采用的方法一样, 此处也可以定义错误定位多项式为

$$\sigma(X) = (1 + \beta_1 X)(1 + \beta_2 X)\cdots(1 + \beta_v X)$$
$$= \sigma_v X^v + \sigma_{v-1} X^{v-1} + \cdots + \sigma_1 X + 1 \tag{5-30}$$

上式 v 个根的逆元素显然均是错误位置数, 可以用于确定 v 个错误的位置。

接下来, 介绍一种称作 Peterson – Gorenstein – Zierler 算法的译码方法。

通过使用傅里叶变换可以将编码理论的思想用信号处理的方法来进行描述和分析。Peterson – Gorenstein – Zierler 算法便是一种基于傅里叶变换的译码算法, 其中, Peterson 算法用于确定错误位置, 而 Gorenstein – Zierler 算法用于确定错误值。

1. 错误定位数的确定

将式（5-30）等号两边乘以 $e_{j_l}\beta_l^{j+v}$, $1 \leqslant l \leqslant v$, 可得

$$e_{j_l}\beta_l^{j+v}(1 + \beta_1 X)(1 + \beta_2 X)\cdots(1 + \beta_v X) = e_{j_l}\beta_l^{j+v}(\sigma_v X^v + \sigma_{v-1} X^{v-1} + \cdots + \sigma_1 X + 1)$$

$$\tag{5-31}$$

在上式中取 $X = \beta_l^{-1}$, 可得

$$0 = e_{j_l}\beta_l^{j+v}(\sigma_v \beta_l^{-v} + \sigma_{v-1}\beta_l^{-v+1} + \cdots + \sigma_1 \beta_l^{-1} + 1)$$
$$= e_{j_l}(\sigma_v \beta_l^j + \sigma_{v-1}\beta_l^{j+1} + \cdots + \sigma_1 \beta_l^{j+v-1} + \beta_l^{j+v}) \tag{5-32}$$

显然上式对于 $1 \leqslant l \leqslant v$ 均成立, 所以可知

$$\sum_{l=1}^{v} e_{j_l}(\sigma_v \beta_l^j + \sigma_{v-1}\beta_l^{j+1} + \cdots + \sigma_1 \beta_l^{j+v-1} + \beta_l^{j+v}) = 0 \tag{5-33}$$

整理可得

$$\sigma_v \sum_{l=1}^{v} e_{j_l} \beta_l^{j} + \sigma_{v-1} \sum_{l=1}^{v} e_{j_l} \beta_l^{j+1} + \cdots + \sigma_1 \sum_{l=1}^{v} e_{j_l} \beta_l^{j+v-1} + \sum_{l=1}^{v} e_{j_l} \beta_l^{j+v} = 0 \qquad (5\text{-}34)$$

再利用式（5-29）中的关系，可知上式中的每一个求和项均是一个伴随式，于是可得

$$\sigma_v s_j + \sigma_{v-1} s_{j+1} + \cdots + \sigma_1 s_{j+v-1} + s_{j+v} = 0 \qquad (5\text{-}35)$$

显然，只有当 $1 \leqslant j \leqslant 2t - v$ 时 $s_j, s_{j+1}, \cdots, s_{j+v-1}, s_{j+v}$ 才表示所有已知的伴随式，因此可得如下方程组：

$$\sigma_v s_j + \sigma_{v-1} s_{j+1} + \cdots + \sigma_1 s_{j+v-1} = -s_{j+v}, \qquad 1 \leqslant j \leqslant 2t - v \qquad (5\text{-}36)$$

上式是联系 $\sigma(X)$ 系数和伴随式之间的线性方程组，可以将前 v 个等式写成如下的矩阵形式：

$$\begin{pmatrix} s_1 & s_2 & s_3 & \cdots & s_{v-1} & s_v \\ s_2 & s_3 & s_4 & \cdots & s_v & s_{v+1} \\ & & & \vdots & & \\ s_{v-1} & s_v & s_{v+1} & \cdots & s_{2v-3} & s_{2v-2} \\ s_v & s_{v+1} & s_{v+2} & \cdots & s_{2v-2} & s_{2v-1} \end{pmatrix} \begin{pmatrix} \sigma_v \\ \sigma_{v-1} \\ \vdots \\ \sigma_2 \\ \sigma_1 \end{pmatrix} = \begin{pmatrix} -s_{v+1} \\ -s_{v+2} \\ \vdots \\ -s_{2v-1} \\ -s_{2v} \end{pmatrix} \qquad (5\text{-}37)$$

这样，只要上式中的方阵是非奇异的，便可以解出 $\sigma(X)$ 的所有系数。

实际上在译码之前，并不知道发生错误的具体个数 v。为了确定该值，不妨定义一个如下的伴随式矩阵：

$$M_\mu = \begin{pmatrix} s_1 & s_2 & s_3 & \cdots & s_{\mu-1} & s_\mu \\ s_2 & s_3 & s_4 & \cdots & s_\mu & s_{\mu+1} \\ & & & \vdots & & \\ s_{\mu-1} & s_\mu & s_{\mu+1} & \cdots & s_{2\mu-3} & s_{2\mu-2} \\ s_\mu & s_{\mu+1} & s_{\mu+2} & \cdots & s_{2\mu-2} & s_{2\mu-1} \end{pmatrix} \qquad (5\text{-}38)$$

则可以证明：当 μ 恰好等于实际发生的错误符号个数 v 时（即 $\mu = v$ 时），矩阵 M_μ 是非奇异的；而当 $\mu > v$ 时，矩阵 M_μ 是奇异的。所以，为了确定 v 的值，译码器依次计算 M_t，M_{t-1}，…的行列式，直到获得第一个非零值的行列式 $|M_v|$ 时停止计算，此时便得到了错误符号个数 v 的值。接下来，将式（5-37）等号左右两边都左乘上 M_v 的逆矩阵，便可得到 $\sigma(X)$ 的所有系数，进而便能求出 $\sigma(X)$ 的根。

2. 错误值的确定

在确定了 $e(X) = e_{j_1} X^{j_1} + e_{j_2} X^{j_2} + \cdots + e_{j_v} X^{j_v}$ 中的错误位置数 $j_1, j_2, \cdots, j_v$ 之后，为了确

定错误值 e_{j_1}，e_{j_2}，$\cdots$，e_{j_v}，可以将任意 v 个伴随式的值代入 $e(X)$ 来进行确定。

3. 利用错误多项式来纠错

在得到错误多项式 $e(X)$ 之后，只需要将其加至接收多项式 $r(X)$ 便可得到码字多项式，即

$$c(X) = r(X) + e(X) \tag{5-39}$$

【例 5-12】 对于上例中可以纠正 2 个错误（$t = 2$）的（7，3）RS 码，如果发送码字多项式为 $c(X) = \alpha^5 X^6 + \alpha^3 X^5 + \alpha X^4 + \alpha^6 X^3 + \alpha^4 X^2 + \alpha^2 X + 1$，并假设传输过程中的错误图样为 $e = (0, \alpha^3, 0, 0, 0, 0, 0)$。请给出接收多项式，并对其进行译码。

【解】 错误多项式为 $e(X) = \alpha^3 X^5$，于是接收多项式为

$$r(X) = c(X) + e(X) = \alpha^5 X^6 + \alpha X^4 + \alpha^6 X^3 + \alpha^4 X^2 + \alpha^2 X + 1$$

与上式对应的伴随式分别为

$$s_1 = r(\alpha) = \alpha^4 + \alpha^5 + \alpha^2 + \alpha^6 + \alpha^3 + 1 = \alpha$$

$$s_2 = r(\alpha^2) = \alpha^3 + \alpha^2 + \alpha^5 + \alpha + \alpha^4 + 1 = \alpha^6$$

$$s_3 = r(\alpha^3) = \alpha^2 + \alpha^6 + \alpha + \alpha^3 + \alpha^5 + 1 = \alpha^4$$

$$s_4 = r(\alpha^4) = \alpha + \alpha^3 + \alpha^4 + \alpha^5 + \alpha^6 + 1 = \alpha^2$$

下面来确定错误符号个数。首先计算

$$|\boldsymbol{M}_2| = \begin{vmatrix} s_1 & s_2 \\ s_2 & s_3 \end{vmatrix} = \begin{vmatrix} \alpha & \alpha^6 \\ \alpha^6 & \alpha^4 \end{vmatrix} = \alpha^5 + \alpha^5 = 0$$

接着计算

$$|\boldsymbol{M}_1| = s_1 = \alpha \neq 0$$

因此，可知误码个数为 1。

接着来确定错误位置。由式（5-37）可得

$$s_1 \sigma_1 = s_2 \quad \Rightarrow \quad \sigma_1 = \alpha^5$$

于是，错误定位多项式为

$$\sigma(X) = \alpha^5 X + 1$$

上式的根为 $\beta_1^{-1} = \alpha^2$，错误定位数为 $\beta_1 = \alpha^5$，从而可知误码的错误位置为 $j_1 = 5$，错误多项式可以表示为

$$e(X) = e_{j_1} X^5$$

下面来求错误值。为了计算错误值 e_{j_1}，可以将任意一个伴随式的值代入上式，例如

$$s_1 = e(\alpha) = e_{j_1}\alpha^5 = \alpha \quad \Rightarrow \quad e_{j_1} = \alpha^3$$

于是，最终可得错误多项式为

$$e(X) = \alpha^3 X^5$$

所以，译码器得到的码字多项式为

$$c(X) = r(X) + e(X) = \alpha^5 X^6 + \alpha^3 X^5 + \alpha X^4 + \alpha^6 X^3 + \alpha^4 X^2 + \alpha^2 X + 1$$

又因为该码是系统码，所以该多项式左侧 3 个系数构成对应的消息向量，即

$$m = (\alpha^5, \alpha^3, \alpha)$$

【例 5-13】继续考虑上例，如果传输过程中的错误图样为 $e = (0,0,\alpha^5,\alpha^2,0,0,0)$。请给出接收多项式，并对其进行译码。

【解】错误多项式为 $e(X) = \alpha^5 X^4 + \alpha^2 X^3$，于是接收多项式为

$$r(X) = c(X) + e(X) = \alpha^5 X^6 + \alpha^3 X^5 + \alpha^6 X^4 + X^3 + \alpha^4 X^2 + \alpha^2 X + 1$$

与上式对应的伴随式分别为

$$s_1 = r(\alpha) = \alpha^4 + \alpha + \alpha^3 + \alpha^3 + \alpha^6 + \alpha^3 + 1 = \alpha^3$$

$$s_2 = r(\alpha^2) = \alpha^3 + \alpha^6 + 1 + \alpha^6 + \alpha + \alpha^4 + 1 = \alpha^5$$

$$s_3 = r(\alpha^3) = \alpha^2 + \alpha^4 + \alpha^4 + \alpha^2 + \alpha^3 + \alpha^5 + 1 = \alpha^6$$

$$s_4 = r(\alpha^4) = \alpha + \alpha^2 + \alpha + \alpha^5 + \alpha^5 + \alpha^6 + 1 = 0$$

下面来确定错误符号的个数。计算

$$|\boldsymbol{M}_2| = \begin{vmatrix} s_1 & s_2 \\ s_2 & s_3 \end{vmatrix} = \begin{vmatrix} \alpha^3 & \alpha^5 \\ \alpha^5 & \alpha^6 \end{vmatrix} = \alpha^2 + \alpha^3 = \alpha^5 \neq 0$$

可知错误符号个数为 2。

接着来确定错误定位多项式 $\sigma(X)$ 的表达式。易得

$$\boldsymbol{M}_2^{-1} = \frac{1}{\alpha^5}\begin{pmatrix} \alpha^6 & \alpha^5 \\ \alpha^5 & \alpha^3 \end{pmatrix} = \alpha^2\begin{pmatrix} \alpha^6 & \alpha^5 \\ \alpha^5 & \alpha^3 \end{pmatrix} = \begin{pmatrix} \alpha & 1 \\ 1 & \alpha^5 \end{pmatrix}$$

$$\begin{pmatrix} \sigma_2 \\ \sigma_1 \end{pmatrix} = \boldsymbol{M}_2^{-1}\begin{pmatrix} s_3 \\ s_4 \end{pmatrix} = \begin{pmatrix} \alpha & 1 \\ 1 & \alpha^5 \end{pmatrix}\begin{pmatrix} \alpha^6 \\ 0 \end{pmatrix} = \begin{pmatrix} 1 \\ \alpha^6 \end{pmatrix}$$

于是，错误定位多项式为

$$\sigma(X) = \sigma_2 X^2 + \sigma_1 X + 1 = X^2 + \alpha^6 X + 1$$

为了求得上式的根 β_1^{-1} 和 β_2^{-1}，可以将 $GF(2^3)$ 中的所有非零元素一一代入进行检验：

$$\sigma(\alpha^0) = 1 + \alpha^6 + 1 = \alpha^6$$

$$\sigma(\alpha^1) = \alpha^2 + 1 + 1 = \alpha^2$$

$$\sigma(\alpha^2) = \alpha^4 + \alpha + 1 = \alpha^6$$

$$\sigma(\alpha^3) = \alpha^6 + \alpha^2 + 1 = 0$$

$$\sigma(\alpha^4) = \alpha + \alpha^3 + 1 = 0$$

$$\sigma(\alpha^5) = \alpha^3 + \alpha^4 + 1 = \alpha^6$$

$$\sigma(\alpha^6) = \alpha^5 + \alpha^5 + 1 = 1$$

所以 $\beta_1^{-1} = \alpha^3$ 和 $\beta_2^{-1} = \alpha^4$，从而错误定位数为 $\beta_1 = \alpha^4$ 和 $\beta_2 = \alpha^3$，即两个错误的位置分别为 $j_1 = 4$ 和 $j_2 = 3$，这样错误多项式可以表示为

$$e(X) = e_{j_1} X^4 + e_{j_2} X^3$$

然后来确定两个错误值 e_{j_1} 和 e_{j_2}。将任意两个伴随式的值代入上式可得

$$\begin{cases} s_1 = e(\alpha) = e_{j_1}\alpha^4 + e_{j_2}\alpha^3 = \alpha^3 \\ s_2 = e(\alpha^2) = e_{j_1}\alpha + e_{j_2}\alpha^6 = \alpha^5 \end{cases}$$

求解上述方程可得 $e_{j_1} = \alpha^5$，$e_{j_2} = \alpha^2$，这样，最终确定的错误多项式为

$$e(X) = \alpha^5 X^4 + \alpha^2 X^3$$

所以，译码器得到的码字多项式为

$$\begin{aligned} c(X) &= r(X) + e(X) \\ &= (\alpha^5 X^6 + \alpha^3 X^5 + \alpha^6 X^4 + X^3 + \alpha^4 X^2 + \alpha^2 X + 1) + (\alpha^5 X^4 + \alpha^2 X^3) \\ &= \alpha^5 X^6 + \alpha^3 X^5 + \alpha X^4 + \alpha^6 X^3 + \alpha^4 X^2 + \alpha^2 X + 1 \end{aligned}$$

该码是系统码，所以该多项式左侧 3 个系数构成对应的消息向量 $\boldsymbol{m} = (\alpha^5, \alpha^3, \alpha)$。

5.4　习题

5-1　利用本原多项式 $g(X) = X^5 + X^2 + 1$ 来构造 $GF(32)$，如果 α 是 $g(X)$ 的一个根，请给出 $GF(32)$ 的所有元素，要求同时给出幂、多项式和向量三种形式。

5-2　设计一个码长为 $n = 31$ 且可以纠 $t = 2$ 个错误的 BCH 码，请给出该码的生成多项式和码率。

5-3　对于题 5-2 中的 BCH 码，如果接收向量为 $r =$（00000000000000000000011001001001），请使用 Berlekamp – Massey 算法来确定错误位置。

5-4　对于题 5-2 中的 BCH 码，如果接收向量为 $r =$（11100000000000000000011101101001），请再使用 Berlekamp – Massey 算法来进行译码。

5-5　通过一个（15，7）BCH 码来构造一个（12，4）缩短码，给出该缩短码的生成矩阵。

5-6　（63，36）BCH 码可以纠正 5 个错误，9 个（7，4）码字分组也可以纠正 9 个错误，且两种方案的码率一致。

（1）9 个（7，4）码字分组可以纠正更多的错误，是不是表明该方案的纠错能力更强？

（2）如果有 5 位错误随机分布在 63 位符号内，比较这两种方案。

5-7　设计一个码长为 $N = 7$ 且可以纠正 2 个错误（$t = 2$）的 RS 码，给出生成多项式。

5-8　设计一个码长为 $N = 63$ 且可以纠正 3 个错误（$t = 3$）的 RS 码，给出生成多项式，并说明该码共有多少个码字？

5-9　设计一个码长 $N = 31$ 且可以纠正 3 个错误（$t = 3$）的 RS 码，请给出生成多项式，并给出消息向量 $m =$（01000，00101，00010，01010，11010）的系统形式编码方案。

5-10　考虑一个（7，3）RS 码。

（1）该码的纠错能力是多少？该码的每个符号代表多少比特？

（2）求该码标准阵列中行和列的数量。

（3）利用标准阵列的维度来验证该码的纠错能力。

（4）该码是完美码吗？假如不是完美码，该码还有多少残余的纠错能力？

5-11　考虑由有限域 $GF(2^m)$ 上基元素构成的集合 $\{0, \alpha^0, \alpha^1, \alpha^2, \cdots, \alpha^{2^m-2}\}$，其中 $m = 4$。

（1）给出该有限域中元素之间加法运算的结果。

（2）给出该有限域中元素之间乘法运算的结果。

（3）确定（31，27）RS 码的生成多项式。

5-12　利用（7，3）RS 码的生成多项式来对消息比特向量 $m =$（010110111）进行系统形式的编码，使用多项式除法确定校验多项式，并给出码字多项式及其二进制形式。

5-13　考虑一个（7，3）RS 码。

（1）对消息符号向量 $m = (6, 5, 1)$ 进行系统形式的编码，给出二进制形式的码字。

（2）验证该码生成多项式的根也是上问所得码字多项式的根。

（3）如果码字在传输过程中最右侧的 6 比特发生了错误，确定对应的伴随式。

（4）证明上问得到的伴随式也可以用错误多项式来得到。

5-14　针对上题得到的受扰码字，使用 Peterson – Gorenstein – Zierler 算法进行译码，分别确定错误发生的位置、错误值，并对受扰码字进行纠正。

第6章 卷 积 码

本章讨论卷积码。它与前面讨论的分组码不同。分组码在编码时，本组的 $n-k$ 个校验码元仅与本组的 k 个信息码元有关，而与其他各组的码元无关。分组码在译码时，也仅需要从本组码字中提取相关译码信息。与之不同，卷积码编码器在编码时，本组的 n_0-k_0 个校验码元不仅与本组的 k_0 个信息码元有关，而且还与之前时刻输入至编码器的信息码组有关。同样，在卷积译码过程中，不仅需要从当前时刻收到的码组中提取译码信息，还需要从之前或之后时刻收到的码组中提取有关信息。此外，卷积码中的 n_0 和 k_0，通常也比分组码中的 n 和 k 要小，一般通过约束长度 N 的变化来控制卷积码编码器的性能和复杂度。

卷积码是 1955 年由 Elias 最早提出的。1957 年，Wozencraft 提出了一种有效的译码方法，即序列译码。1963 年，Massey 又提出了一种性能稍差，但比较实用的门限译码方法。门限译码是一种代数译码法，它的主要特点是算法简单、易于实现，并且译出每一个信息码元所需的译码时间是常数，即译码延时是固定的。由于这一实用性进展使卷积码从理论走向了实际应用。1967 年，Viterbi 提出了最大似然译码法，人们后来称它为维特比算法或维特比译码，该方法对存储器级数较小的卷积码的译码很容易实现，广泛应用于现代通信中。虽然序列译码和维特比最大似然译码都是概率译码，但序列译码的延时是随机的，它与信道干扰情况有关，而维特比最大似然译码的运算时间是固定的，其译码的复杂性（无论是硬件实现还是软件实现）随约束长度 N 按指数级增长。随着大规模集成电路技术的发展，这些已不再是阻碍维特比译码或序列译码广泛应用的关键因素。

本章首先介绍卷积码的基本概念、定义及卷积码编码器的各种表示方法；然后介绍卷积码译码器及卷积码的距离特性；最后简单介绍 Turbo 码。

6.1 卷积码概述

线性分组码编码器输出的 n 个码元中，每一个码元仅和此时刻输入的 k 个信息码元有关。其编码效率 $R=k/n$。卷积码不同于分组码的一个重要特征就是编码器的记忆性，即在任意时刻，编码器输出的 n_0 个码元中，每个码元不仅和此时刻输入的 k_0 个信息码元有关，还与之前 m_0 个时刻输入的信息码元有关。通常将 $N=m_0+1$ 定义为卷积码的约束长度，则编码过程中相互关联的码元数为 Nn_0，监督位监督着这 N 段时间内的信息。卷积码的编码

效率 $R = k_0/n_0$。实际应用中，n_0 和 k_0 通常取较小的值，通过 N 的变化来控制编码器的性能和复杂度。通常用（n_0，k_0，m_0）来表示卷积编码电路。

除了构造上的不同外，在同样的编码效率下，卷积码的性能要优于分组码，至少不低于分组码。由于在现代数字通信系统中，数据通常是以组的形式传输，因此分组码似乎更适合于检测错误，并通过反馈重传进行纠错，而卷积码将主要应用于前向纠错数据通信系统中。另外，卷积码不像分组码有严格的代数结构，至今尚未找到非常严密的数学手段将纠错性能与码的结构有规律地联系起来。

如图 6-1 所示，一个通用的卷积码编码器，包括一个 k_0N 级移位寄存器和 n_0 个模 2 加法器。在每个时间单元内，k_0 比特信息位移入到寄存器最开始的 k_0 级，同时将寄存器中原有的各位右移 k_0 级，顺序采样 n_0 个加法器的输出就可以得到输出的码元信息。对于每 k_0 个信息输入组，有 n_0 个输出码元与之对应，因此其编码效率 $R = k_0/n_0$。

分析最常用的 $R = 1/n_0$ 卷积码编码器，编码器每次只移入 1 位信息比特。在第 i 个时间单元，信息比特 u_i 被移入寄存器的第 1 级，寄存器中原有的所有比特同时右移 1 级。n_0 个加法器的输出被依次顺

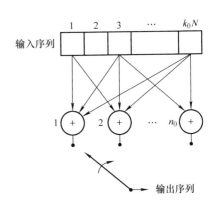

图 6-1　约束长度为 N，编码效率 $R = k_0/n_0$ 的卷积码编码器

序采样输出并发送。由于每 1 个输入信息比特有 n_0 个输出码元，因此编码效率为 $1/n_0$。注意，对于约束长度为 N，编码效率为 $1/n_0$ 的编码器，k_0N 级移位寄存器简化为 N 级移位寄存器。对于（n_0，k_0，m_0）卷积码，当其输入的 k_0 元组是与其关联的输出 n_0 元组分支码字的一部分时，该类卷积码称为系统卷积码。

6.2　卷积码编码器

卷积码的关键特征是它的生成函数（也称编码函数）$G(U)$。知道生成函数，便可以由输入序列方便地计算出输出序列，常用的卷积码编码器的描述方法有连接图、连接向量、连接多项式、状态图、树状图、网格图等。

6.2.1　连接图表示

下面以图 6-2 所示的（2，1，2）卷积码编码电路为例说明卷积码编码器。该编码器约束长度 $N = m_0 + 1 = 3$，模 2 加法器的数目 $n_0 = 2$，编码效率为 $k_0/n_0 = 1/2$。在每一个单元时

刻，1 位信息比特被移入到寄存器的最左
端，同时将寄存器中所有比特右移 1 位，
交替采样两个模 2 加法器，得到的码元序
列就是该输入比特对应的分支字。加法器
和各级寄存器之间的不同连接，会导致不
同的编码性能。需要注意的是，连接方式
不可以随意选择。关于如何选择具有良好
距离特性的连接方式，目前还没有一个通
用的准则，不过借助计算机搜索已经找到
了所有约束长度小于 20 的好的编码。

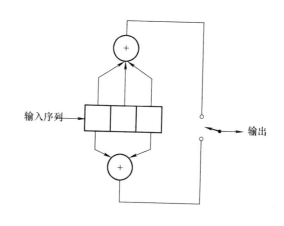

图 6-2　（2，1，2）卷积码编码器

与分组码具有固定字长不同，卷积码
没有特定的分组结构。不过，人们通常采用周期截断的方法赋予其分组的结构。为了达到
清空编码器中移位寄存器的目的，通常需要在输入数据序列末尾附加 $N-1$ 个 0 比特。由于
附加的 0 不包含任何信息，因此其有效编码效率将会降至 k_0/n_0 以下。因此为了使编码效率
接近 k_0/n_0，截断周期一般取值较大。

卷积码编码器还可以采用连接向量集的方法进行描述。每个编码器包含 n_0 个模 2 加法
器，就对应 n_0 个连接向量，且每个连接向量都是 N 维的，表示该模 2 加法器和移位寄存器
之间的连接关系。以图 6-2 所示的编码器为例，其对应的连接向量可以表示为

$$\boldsymbol{g}_1 = \begin{bmatrix} 1 & 1 & 1 \end{bmatrix}$$

$$\boldsymbol{g}_2 = \begin{bmatrix} 1 & 0 & 1 \end{bmatrix}$$

假设用该编码器对信息序列 $\boldsymbol{m} = \begin{bmatrix} 101 \end{bmatrix}$ 进行编码。3 位信息比特在时刻 t_1，t_2，t_3 依次
输入，之后在 t_4，t_5 时刻输入 $N-1=2$ 个 0 以清空寄存器，确保信息的尾部能完全移出寄
存器。得到的输出序列为 1 1 1 0 0 0 1 0 1 1。编码过程如下：

时刻	寄存器内容	分支字	
		u_1	u_2
t_1	1 0 0	1	1
t_2	0 1 0	1	0
t_3	1 0 1	0	0
t_4	0 1 0	1	0
t_5	0 0 1	1	1
t_6	0 0 0	0	0

在 t_6 时刻输入一位 0，寄存器全部为 0，说明在 t_6 时刻已经完成了清空操作，可以输入
新的信息比特。

卷积码编码器还可以借助冲激响应——即编码器对单个 1 信息比特的响应，来分析编码器。以图 6-2 所示编码器为例，当单个 1 通过编码器时，寄存器的内容如下：

寄存器内容	分支字	
	u_1	u_2
1 0 0	1	1
0 1 0	1	0
0 0 1	1	1

于是，有

输入序列：1　0　0；

输出序列：11　10　11。

而当单个 0 通过编码器时，有

输入序列：0　0　0；

输出序列：00　00　00。

这样，输入序列 $\boldsymbol{m} = \begin{bmatrix} 1 & 0 & 1 \end{bmatrix}$ 对应的输出可按如下方式的线性叠加来得到：

输入	输出				
1	11	10	11		
0		00	00	00	
1			11	10	11
模 2 加	11	10	00	10	11

这里得到的生成序列与前面相同，由此可见卷积码与线性分组码一样，都是线性码。由于其可以通过按时间移位的单脉冲响应进行线性叠加生成，或者将输入序列与编码器的冲激响应相卷积得到输出编码，因此这种编码称为卷积编码。

6.2.2　离散卷积表示

设卷积码编码器输入码序列（待编码的信息序列）为

$$\boldsymbol{U} = \begin{bmatrix} u_0(1)u_0(2)\cdots u_0(k_0) & u_1(1)u_1(2)\cdots u_1(k_0) & \cdots & u_s(1)u_s(2)\cdots u_s(k_0) & \cdots \end{bmatrix}$$

编码器输出码序列为

$$\boldsymbol{C} = \begin{bmatrix} c_0(1)c_0(2)\cdots c_0(n_0) & c_1(1)c_1(2)\cdots c_1(n_0) & \cdots & c_s(1)c_s(2)\cdots c_s(n_0) & \cdots \end{bmatrix}$$

则编码器输出序列中任一子码可以由如下卷积关系给出：

$$c_s(j) = \sum_{i=1}^{k_0} \sum_{t=0}^{m_o} u_{s-t}(i) g_t(i,j) \quad j = 1,2,\cdots,n_0 \tag{6-1}$$

式中，$g_t(i,j)$ 表示非系统卷积码的生成序列。

系统卷积码的码序列中任一子码 C_s 也有 n_0 个码元，其前 k_0 位与待编码的信息序列中的第 s 信息组 $u_s(i)$ 相同，而后 $n_0 - k_0$ 位监督码元由生成序列生成。由于每个码中的前 k_0 位就是此时刻待编码的 k_0 位信息码元，所以在生成序列 $g(i,j)$ 中有 $k_0 \times k_0$ 个生成序列是固定的，即

$$g(i,j) = \begin{cases} 1 & i=j \\ 0 & i \neq j \end{cases}$$

只有 $k_0 \times (n_0 - k_0)$ 个生成序列需要给定，以便确定每个子码中的 $(n_0 - k_0)$ 个监督码元，则码字：

$$c_s(j) = u_s(i) \quad i = j = 1,2,\cdots,k_0$$

$$c_s(j) = \sum_{i=1}^{k_0} \sum_{t=0}^{m_0} u_{s-t}(i)g(i,j) \quad j = k_0 + 1,\cdots,n_0 \tag{6-2}$$

式中，$g(i,j)$ 表示系统卷积码的生成序列。

6.2.3 矩阵表示

类似 (n, k) 线性分组码，卷积码也用生成矩阵和监督矩阵来描述。对于任意一个 (n_0, k_0, m_0) 卷积码，其生成矩阵 G_∞ 是一个半无限矩阵，即

$$G_\infty = \begin{pmatrix} g_\infty \\ Dg_\infty \\ D^2 g_\infty \\ \vdots \end{pmatrix} = \begin{pmatrix} g_0 & g_1 & g_2 & \cdots & g_{m_0} & 0 & 0 & \cdots \\ 0 & g_0 & g_1 & g_2 & \cdots & g_{m_0} & 0 & \cdots \\ 0 & 0 & g_0 & g_1 & g_2 & \cdots & g_{m_0} & \cdots \\ \vdots & \vdots & \vdots & \vdots & \vdots & \vdots & \vdots & \vdots \end{pmatrix} \tag{6-3}$$

式中，D 是延时算子，表示一个时钟周期的时延。G_∞ 是一个半无限矩阵，它有无限多的行和列。其中，

$$g_\infty = \begin{bmatrix} g_0 & g_1 & g_2 & \cdots & g_{m_0} & 0 & \cdots \end{bmatrix} \tag{6-4}$$

称作 (n_0, k_0, m_0) 卷积码的基本生成矩阵。

显然，基本生成矩阵 g_∞ 也是一个半无限矩阵。只要已知基本生成矩阵 g_∞，就能确定生成矩阵 G_∞。从式（6-4）还可以看到，基本生成矩阵 g_∞ 是由前 $m_0 + 1$ 个生成子矩阵 $g_0 \sim g_{m_0}$ 决定的，每一个生成子矩阵都是一个 $k_0 \times n_0$ 阶矩阵。

当已知卷积码的生成矩阵 G_∞ 时，进行

$$C = UG_\infty \tag{6-5}$$

运算即可实现编码。

【例 6-1】 设（3，1，2）卷积码的生成子矩阵

$$g_0 = [\,1\ 1\ 1\,] \quad g_1 = [\,0\ 1\ 0\,] \quad g_2 = [\,0\ 0\ 1\,]$$

求：（1）卷积码的生成矩阵 G_∞。

（2）若输入信息序列 $U = [\,1011010100\cdots\,]$，求卷积码的输出码字序列。

【解】已知基本生成矩阵 $g_\infty = [\,111\quad 010\quad 001\quad 000\quad 000\quad \cdots\,]$，则（3，1，2）卷积码的生成矩阵 G_∞ 为

$$G_\infty = \begin{pmatrix} g_\infty \\ Dg_\infty \\ D^2 g_\infty \\ \vdots \end{pmatrix} = \begin{pmatrix} g_0 & g_1 & g_2 & \cdots & g_{m_0} & 0 & 0 & \cdots \\ 0 & g_0 & g_1 & g_2 & \cdots & g_{m_0} & 0 & \cdots \\ 0 & 0 & g_0 & g_1 & g_2 & \cdots & g_{m_0} & \cdots \\ \vdots & \vdots & \vdots & \vdots & \vdots & \vdots & \vdots & \vdots \end{pmatrix}$$

$$= \begin{pmatrix} 111 & 010 & 001 & 000 & 000 & \cdots \\ & 111 & 010 & 001 & 000 & \cdots \\ & & 111 & 010 & 001 & \cdots \\ & & & 111 & 010 & \cdots \\ & & & & 111 & \cdots \\ & & & & & \cdots \end{pmatrix}$$

当输入信息序列为 $U = [\,1011010100\cdots\,]$ 时，（3，1，2）卷积码的输出码字序列为

$$C = [\,1011010100\cdots\,] \begin{pmatrix} 111 & 010 & 001 & 000 & 000 & \cdots \\ & 111 & 010 & 001 & 000 & \cdots \\ & & 111 & 010 & 001 & \cdots \\ & & & 111 & 010 & \cdots \\ & & & & 111 & \cdots \\ & & & & & \cdots \end{pmatrix}$$

$$= [\,111\quad 010\quad 110\quad 101\quad 011\quad \cdots\,]$$

【例 6-2】设（3，2，1）卷积码生成子矩阵分别为：

$$g_0 = \begin{pmatrix} 1 & 0 & 1 \\ 0 & 1 & 0 \end{pmatrix} \quad g_1 = \begin{pmatrix} 0 & 0 & 1 \\ 0 & 0 & 1 \end{pmatrix}$$

求：1）卷积码的生成矩阵 G_∞。

2）若输入信息序列 $U = [\,1011010100\cdots\,]$，求卷积码的输出码字序列。

【解】该码的基本生成矩阵 $\boldsymbol{g}_{\infty} = \begin{bmatrix} g_0 & g_1 & 0 & \cdots \end{bmatrix}$，则（3，2，1）卷积码的生成矩阵为

$$
\boldsymbol{G}_{\infty} = \begin{pmatrix} g_{\infty} \\ Dg_{\infty} \\ D^2 g_{\infty} \\ \vdots \end{pmatrix} = \begin{pmatrix}
101 & 001 & 000 & 000 & \cdots \\
010 & 001 & 000 & 000 & \cdots \\
 & 101 & 001 & 000 & \cdots \\
 & 010 & 001 & 000 & \cdots \\
 & & 101 & 001 & \cdots \\
 & & 010 & 001 & \cdots \\
 & & & \cdots & \cdots
\end{pmatrix}
$$

当输入信息序列为 $\boldsymbol{U} = \begin{bmatrix} 1011010100\cdots \end{bmatrix}$ 时，（3，2，1）卷积码输出码字序列为

$$
\boldsymbol{C} = \boldsymbol{U}\boldsymbol{G}_{\infty} = \begin{bmatrix} 10 & 11 & 01 & 01 & 00 & \cdots \end{bmatrix} \begin{pmatrix}
101 & 001 & 000 & 000 & \cdots \\
010 & 001 & 000 & 000 & \cdots \\
 & 101 & 001 & 000 & \cdots \\
 & 010 & 001 & 000 & \cdots \\
 & & 101 & 001 & \cdots \\
 & & 010 & 001 & \cdots \\
 & & & \cdots & \cdots
\end{pmatrix}
$$

$$
= \begin{bmatrix} 101 & 110 & 010 & 011 & 001 & \cdots \end{bmatrix}
$$

以上两个卷积码的码字序列中，各子码都具有系统码的特征。例如（3，2，1）卷积码的码字序列 $\boldsymbol{C} = \begin{bmatrix} 101 & 110 & 010 & 011 & 001 & \cdots \end{bmatrix}$ 中，每个子码的前两位就是输入信息序列 $\boldsymbol{U}$ 中的对应信息组 $\boldsymbol{U} = \begin{bmatrix} 10 & 11 & 01 & 01 & 00 & \cdots \end{bmatrix}$。

由卷积码的定义可知，(n_0, k_0, m_0) 码的任意 N 个连续的子码之间有着相同的约束关系。此外，在卷积码的代数译码中，也只考虑一个编码约束长度内的码序列。所以，不失一般性，只考虑编码器初始状态为全 0 时，编码器输入 N 个信息组，即 Nk_0 个信息码元后，编码器输出的首 N 个子码，即 Nn_0 个码元之间的约束关系即可。这首 N 个子码组成的码组称为卷积码的初始截短码组 $\boldsymbol{C}$，即

$$
\boldsymbol{C} = \begin{bmatrix} C_0 & C_1 & C_2 & \cdots & C_i & \cdots & C_{m_0} \end{bmatrix} \tag{6-6}
$$

式中，$C_i = c_i(1)c_i(2)\cdots c_i(n_0)$；$(i = 0,1,2,\cdots,m_0)$。

根据初始截短码组的定义，$\boldsymbol{C}$ 可以表示成矩阵方程：

$$
\boldsymbol{C} = \boldsymbol{U}\boldsymbol{G} \tag{6-7}
$$

式中，$\boldsymbol{U} = \begin{bmatrix} U_0 & U_1 & U_2 & \cdots & U_{m_0} \end{bmatrix}$，且 $U_i = u_i(1)u_i(2)\cdots u_i(k_0)$，$(i = 0,1,2,\cdots,m_0)$；

$$G = \begin{pmatrix} g_0 & g_1 & g_2 & \cdots & g_{m_0} \\ & g_0 & g_1 & \cdots & g_{m_0-1} \\ & & g_0 & g_1 & g_{m_0-2} \\ & & & \ddots & \vdots \\ & & & & g_0 \end{pmatrix} \tag{6-8}$$

称 G 为初始截短码组的生成矩阵，相应的基本生成矩阵 g 为

$$g = \begin{bmatrix} g_0 & g_1 & g_2 & \cdots & g_{m_0} \end{bmatrix} \tag{6-9}$$

在系统码条件下，由于 $k_0 \times k_0$ 个生成序列是已知的，即当 $i=j$ 时，$g(i,j)=1$；当 $i \neq j$ 时，$g(i,j)=0$，$i=1$，2，$\cdots$，k_0；$j=1$，2，$\cdots$，k_0。且每个子码中的前 k_0 个码元与相应的 k_0 个信息码元相同。而后 n_0-k_0 个监督元则由信息序列与生成序列的卷积运算得到。由此可知，系统码的初始截短码组的 $Nk_0 \times Nn_0$ 阶生成矩阵为：

$$G = \begin{pmatrix} I_{k_0}p_0 & 0p_1 & 0p_2 & \cdots & 0p_{m_0} \\ & I_{k_0}p_0 & 0p_1 & \cdots & 0p_{m_0-1} \\ & & I_{k_0}p_0 & \cdots & 0p_{m_0-2} \\ & & & \ddots & \vdots \\ & & & & I_{k_0}p_0 \end{pmatrix} \tag{6-10}$$

式中，I_{k_0} 为 k_0 阶单位方阵；p_l 为 $k_0 \times (n_0-k_0)$ 阶矩阵（$l=0$，1，2，$\cdots$，m_0），即

$$P_l = \begin{pmatrix} g_l(1,k_0+1) & g_l(1,k_0+2) & \cdots & g_l(1,n_0) \\ g_l(2,k_0+1) & g_l(2,k_0+1) & \cdots & g_l(2,n_0) \\ \vdots & \vdots & & \vdots \\ g_l(k_0,k_0+1) & g_l(k_0,k_0+1) & \cdots & g_l(k_0,n_0) \end{pmatrix} \tag{6-11}$$

系统卷积码初始截短码组的基本生成阵为：

$$g = \begin{bmatrix} I_{k_0}p_0 & 0p_1 & 0p_2 & \cdots & 0p_{m_0} \end{bmatrix} \tag{6-12}$$

【例6-3】 $(3,1,2)$ 系统卷积码的生成序列为

$$g(1,1) = \begin{bmatrix} g_0(1,1) & g_1(1,1) & g_2(1,1) \end{bmatrix} = \begin{bmatrix} 100 \end{bmatrix}$$

$$g(1,2) = \begin{bmatrix} g_0(1,2) & g_1(1,2) & g_2(1,2) \end{bmatrix} = \begin{bmatrix} 110 \end{bmatrix}$$

$$g(1,3) = \begin{bmatrix} g_0(1,3) & g_1(1,3) & g_2(1,3) \end{bmatrix} = \begin{bmatrix} 101 \end{bmatrix}$$

它的初始截短码组的基本生成矩阵是

$$G = \begin{bmatrix} g_0(1,1)g_0(1,2)g_0(1,3) & g_1(1,1)g_1(1,2)g_1(1,3) & g_2(1,1)g_2(1,2)g_2(1,3) \end{bmatrix}$$

$$= \begin{bmatrix} 111 & 010 & 001 \end{bmatrix}$$

生成矩阵为

$$G = \begin{pmatrix} 111 & 010 & 001 \\ & 111 & 010 \\ & & 111 \end{pmatrix}$$

若设 $U = [u_0(1) u_1(1) u_2(1)] = [101]$，则初始截短码组 C 为

$$C = UG = [111 \quad 010 \quad 100]$$

不难验证，利用式（6-2）的卷积运算可以得到相同的结果。当长为 $Nk_0 = 3$ 的信息序列取值不同时，可以有 $2^{Nk_0} = 8$ 个不同的信息序列，经过编码以后，相应的初始截短码组有 8 个，而每个初始截短码组的长度为 $Nn_0 = 3 \times 3 = 9$。这些码组的集合构成了（9，3）线性码。所以有时也用符号（Nn_0，Nk_0）来表示卷积码。由于初始截短码组的基本生成矩阵和生成矩阵完全可以描述码的卷积关系，就直接称它们为码的基本生成矩阵和生成矩阵。下面讨论卷积码监督矩阵。

（n_0，k_0，m_0）码的基本监督矩阵为

$$h = [p_{m_0}^{\mathrm{T}} 0 \quad p_{m_0-1}^{\mathrm{T}} 0 \quad \cdots \quad p_1^{\mathrm{T}} 0 \quad p_0^{\mathrm{T}} I_r] \tag{6-13}$$

式中，h 为 $(n_0 - k_0) \times n_0 N$ 矩阵。

（n_0，k_0，m_0）码的监督矩阵为

$$H = \begin{pmatrix} p_0^{\mathrm{T}} I_r & & & & & \\ p_1^{\mathrm{T}} 0 & & p_0^{\mathrm{T}} I_r & & & \\ \vdots & & & \ddots & & \\ p_{m_0-1}^{\mathrm{T}} 0 & p_{m_0-2}^{\mathrm{T}} 0 & \cdots & p_1^{\mathrm{T}} 0 & p_0^{\mathrm{T}} I_r & \\ p_{m_0}^{\mathrm{T}} 0 & p_{m_0-1}^{\mathrm{T}} 0 & \cdots & p_2^{\mathrm{T}} 0 & p_1^{\mathrm{T}} 0 & p_0^{\mathrm{T}} I_r \end{pmatrix} \tag{6-14}$$

式中，H 为 $(n_0 - k_0)N \times n_0 N$ 矩阵。

由以上关于生成矩阵 G、监督矩阵 H 的讨论可以看到，它们与码的生成序列 $g(i, j)$ 有密切的联系，只不过是以矩阵的方式描述了卷积码的卷积关系式（6-1）或（6-2）。所以，在卷积码的应用中，经常是给定码的生成序列 $g(i,j)$，有了 $g(i,j)$ 后，就可以确定卷积码的编码电路及其矩阵表示式。

【例 6-4】 设（3，1，2）系统码的生成序列为

$$g(1,1) = 1$$
$$g(1,2) = [g_0(1,2) \quad g_1(1,2) \quad g_2(1,2)]$$
$$g(1,3) = [g_0(1,3) \quad g_1(1,3) \quad g_2(1,3)]$$

求该码的监督矩阵。

【解】 由式 (6-14) 得 (3,1,2) 码的监督矩阵为

$$H = \begin{pmatrix} p_0^{\mathrm{T}} I_2 & & \\ p_1^{\mathrm{T}} 0 & p_0^{\mathrm{T}} I_2 & \\ p_2^{\mathrm{T}} 0 & p_1^{\mathrm{T}} 0 & p_0^{\mathrm{T}} I_2 \end{pmatrix}$$

式中，H 为 6×9 阶矩阵 $((n_0 - k_0)N = 6, n_0 N = 9)$；$I_2$ 为 2 阶单位方阵；0 为 2 阶全 0 方阵。

而 p_0^{T}，p_1^{T}，p_2^{T} 分别为

$$p_0^{\mathrm{T}} = \begin{pmatrix} g_0(1,2) \\ g_0(1,3) \end{pmatrix}, p_1^{\mathrm{T}} = \begin{pmatrix} g_1(1,2) \\ g_1(1,3) \end{pmatrix}, p_2^{\mathrm{T}} = \begin{pmatrix} g_2(1,2) \\ g_2(1,3) \end{pmatrix}$$

也可以得到如下矩阵方程：

$$\begin{pmatrix} p_0^{\mathrm{T}} I_2 & & \\ p_1^{\mathrm{T}} 0 & p_0^{\mathrm{T}} I_2 & \\ p_2^{\mathrm{T}} 0 & p_1^{\mathrm{T}} 0 & p_0^{\mathrm{T}} I_2 \end{pmatrix} C^{\mathrm{T}} = 0^{\mathrm{T}}$$

式中，C^{T} 为初始截短码组的转置矩阵，而

$$C = \begin{bmatrix} c_0(1)c_0(2)c_0(3) & c_1(1)c_1(2)c_1(3) & c_2(1)c_2(2)c_2(3) \end{bmatrix}$$

0^{T} 为 6×1 全 0 矩阵。

它的基本监督阵是一个 2×9 矩阵，即 $h = \begin{bmatrix} p_2^{\mathrm{T}} 0 & p_1^{\mathrm{T}} 0 & p_0^{\mathrm{T}} I_2 \end{bmatrix}$。

6.2.4 转移函数表示

任何一个码元序列都可以用一个多项式来表示。例如，二进制码元序列 101101011100… 可写成 $1 + D^2 + D^3 + D^5 + D^7 + D^8 + D^9 + \cdots$。这里，$D$ 是移位算子，可作为运算符号参与运算，其指数代表移位次数（即码元位置）。由于系数取值为 $\{0, 1\}$，凡系数为 0 的项都可省略，从而使码元序列的表达更加简洁。

注意，由于卷积码是一个近似无限长的序列，在多项式表达上与分组码略有不同。分组码 X 的幂次代表码元到达后的延时，总是高位先发（先收）。而卷积码 D 的幂次可以有双重意思，表示传输时延时是低位先发（先收），表示编译码器存储时是高位先发（先收）。

串行的信息组经串/并变换分解成 k_0 路并行信息后送入移存器阵列，再按一定规则线性组合而形成各个码元，用多项式形式来表示。输入多项式 $U(D)$ 经串/并变换后分解成 k_0 个子多项式 $U^i(D)$，$(i = 1, \cdots, k_0)$，分别代表并行输入编码器的 k_0 路信息。多项式 $U(D)$ 和子多项式 $U^i(D)$ 存在着固定的对应关系，若

$$U(D) = u_0 + u_1 D + u_2 D^2 + \cdots + u_{k_0} D^{k_0} + u_{k_0+1} D^{k_0+1} + \cdots$$
$$+ u_{2k_0} D^{2k_0} + u_{2k_0+1} D^{2k_0+1} + \cdots$$

则

$$U^1(D) = u_0 + u_{k_0} D^1 + u_{2k_0} D^2 + \cdots$$

$$U^2(D) = u_1 + u_{k_0+1} D^1 + u_{2k_0+1} D^2 + \cdots$$

编码后输出的 n_0 个多项式 $C^j(D)$，$j=1,\cdots,n_0$，分别代表并行输出的每路码元信号。经并/串变换后，n_0 路编码信号合为一路输出，其编码多项式为 $C(D)$，如图 6-3 所示。

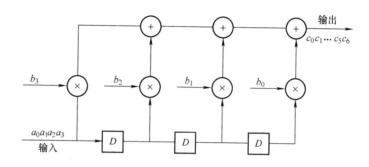

图 6-3　卷积码的转移函数矩阵

可将卷积码编码器视为一个包含 k_0 端入口、n_0 端出口的线性多端口网络。依据端口网络理论可以用转移函数矩阵来描述卷积码编码器的输入/输出关系。不同的是，这里的输入、输出码均是多项式，因此相应的转移函数矩阵也是由多项式元素构成的多项式矩阵。

若定义多项式并行输入矩阵 $\boldsymbol{U}_p(D)$ 和输出矩阵 $\boldsymbol{C}_p(D)$ 分别为：

$$\boldsymbol{U}_p(D) = \begin{bmatrix} U^1(D) & U^2(D) & \cdots & U^{k_0}(D) \end{bmatrix} \tag{6-15}$$

$$\boldsymbol{C}_p(D) = \begin{bmatrix} C^1(D) & C^2(D) & \cdots & C^{n_0}(D) \end{bmatrix} \tag{6-16}$$

这里，$\boldsymbol{U}_p(D)$、$\boldsymbol{C}_p(D)$ 的下标 p 表示它们是 $U(D)$、$C(D)$ 的并行形式，虽然 $U(D)$ 和 $\boldsymbol{U}_p(D)$ 在数量上有对应关系，然而在数学表达上却不能等同。

编码系统 k_0 路输入、n_0 路输出的转移关系（即编码关系）可写成

$$\boldsymbol{C}_p(D) = \boldsymbol{U}_p(D)\boldsymbol{G}(D) \tag{6-17}$$

$\boldsymbol{G}(D)$ 是 $k_0 \times n_0$ 多项式矩阵，称为转移函数矩阵，即

$$\boldsymbol{G}(D) = \begin{pmatrix} g(1,1)(D) & g(1,2)(D) & \cdots & g(1,n_0)(D) \\ g(2,1)(D) & g(2,2)(D) & \cdots & g(2,n_0)(D) \\ \vdots & \vdots & & \vdots \\ g(k_0,1)(D) & g(k_0,2)(D) & \cdots & g(k_0,n_0)(D) \end{pmatrix} \tag{6-18}$$

式中，

$$g(i,j)(D) = g_0(i,j) + g_1(i,j)D + g_2(i,j)D^2 + \cdots + g_{m_0}(i,j)D^{m_0}$$

$$= \sum_{t=0}^{m_0} g_t(i,j)D^t \tag{6-19}$$

由式（6-18）和式（6-19）可知，第 j 个支路的输出是所有输入支路对它的影响的总和，即

$$C^j(D) = \sum_{i=1}^{k_0} U^i(D)g(i,j)(D) \qquad j = 1,2,\cdots,n_0 \tag{6-20}$$

最后，利用并/串变换公式将 n_0 个输出多项式合并成一个多项式

$$C(D) = \sum_{j=1}^{n_0} D^{j-1}C^j(D^{n_0}) \tag{6-21}$$

卷积码的多项式表示法可归纳如下。

1）输入信息序列经串/并变换得并行的输入多项式 $U^1(D),\cdots,U^{k_0-1}(D),U^{k_0}(D)$。

2）用式（6-20）算出各并行支路的输出多项式 $C^1(D),\cdots,C^{n_0-1}(D),U^{n_0}(D)$。

3）用并/串转换公式（6-21）计算输出多项式 $C(D)$。

【例6-5】 二进制（3, 1, 2）卷积生成序列为

$$g(1,1) = [\, g_0(1,1) \quad g_1(1,1) \quad g_2(1,1) \,] = [\, 1 \quad 0 \quad 0 \,]$$

$$g(1,2) = [\, g_0(1,2) \quad g_1(1,2) \quad g_2(1,2) \,] = [\, 1 \quad 1 \quad 0 \,]$$

$$g(1,3) = [\, g_0(1,3) \quad g_1(1,3) \quad g_2(1,3) \,] = [\, 1 \quad 1 \quad 1 \,]$$

如果输入信息序列是 101101011100…，求输出码字序列。

【解】 本题为1路输入3路输出，因此转移函数矩阵是一个 1×3 的多项式矩阵。1路输入为

$$U^1(D) = 1 + D^2 + D^3 + D^5 + D^7 + D^8 + D^9 + \cdots$$

由式（6-18）得卷积码编码器的转移函数矩阵为

$$\boldsymbol{G}(D) = [\, 1 \quad 1+D \quad 1+D+D^2 \,]$$

由式（6-20）得

$$C^1(D) = U^1(D)g(1,1)(D)$$
$$= (1 + D^2 + D^3 + D^5 + D^7 + D^8 + D^9 + \cdots) \cdot 1$$
$$= 1 + D^2 + D^3 + D^5 + D^7 + D^8 + D^9 + \cdots$$

$$C^2(D) = U^1(D)g(1,2)(D)$$
$$= (1 + D^2 + D^3 + D^5 + D^7 + D^8 + D^9 + \cdots) \cdot (1 + D)$$
$$= (1 + D) + (D^2 + D^3) + (D^3 + D^4) + (D^5 + D^6) + (D^7 + D^8) \cdots$$
$$= 1 + D + D^2 + D^4 + D^5 + D^6 + D^7 + \cdots$$

$$C^3(D) = U^1(D)g(1,3)(D)$$
$$= (1 + D^2 + D^3 + D^5 + D^7 + D^8 + D^9 + \cdots) \cdot (1 + D + D^2)$$
$$= (1 + D + D^2) + (D^2 + D^3 + D^4) + (D^3 + D^4 + D^5) + (D^5 + D^6 + D^7) + \cdots$$
$$= 1 + D + D^6 + D^9 + \cdots$$

它们的系数序列分别是:

$C^1(D):1011010111\cdots$

$C^2(D):1110111100\cdots$

$C^3(D):1100001001\cdots$

利用并/串变换,即从左上角开始按列的顺序送出,则输出序列为

$$C = 111\ 011\ 110\ 100\ 010\ 110\ 011\ 110\ 100\ 101\ \cdots$$

或者利用式(6-21)将 C 化为多项式的形式

$$C(D) = \sum_{j=1}^{3} D^{j-1} C^j(D^3)$$
$$= C^1(D^3) + D C^2(D^3) + D^2 C^3(D^3)$$
$$= \left[1 + (D^3)^2 + (D^3)^3 + (D^3)^5 + (D^3)^7 + (D^3)^8 + (D^3)^9 + \cdots \right]$$
$$\quad + \left[1 + D^3 + (D^3)^2 + (D^3)^4 + (D^3)^5 + (D^3)^6 + (D^3)^7 + \cdots \right] \cdot D$$
$$\quad + \left[1 + D^3 + (D^3)^6 + (D^3)^9 + \cdots \right] \cdot D^2$$
$$= 1 + D + D^2 + D^4 + D^5 + D^6 + D^7 + D^9 + D^{13} + D^{15} + D^{16} + \cdots$$

其系数正是输出码元序列。

6.2.5 状态图表示

卷积码编码器还可以看作是一种有限状态机的器件。所谓有限是指状态机只有有限个不同的状态。状态则是存储的关于过去的信息,以图 6-4 所示卷积码编码器(编码效率为 $1/n_0$)为例,其状态可用最右端的 m_0 级寄存器内容来表示。卷积码编码器在 i 时刻编出的码字称为编码器的输出分支字,它不仅取决于当前时刻的输入信息组,还取决于 i 时刻之前存入记忆阵列的 m_0 个信息组,换言之,它取决于记忆阵列的内容。了解到当前状态及下一个输入,就可以确定下一个输出。将编码器在时刻 i 的状态定义为 $S_i = m_{i-1}$,m_{i-2},$\cdots$,m_{i-m_0}。输出码组 C_i 由状态 S_i 和当前输入信息组 U_i 完全确定。由此,状态 S_i 代表了编码器的过去信息,用于确定编码器的输出。编码器的状态是马尔可夫的(Markovian),即编码器处于状态 S_{i+1} 的概率仅取决于最近的状态 S_i,用公式表示为 $P(S_{i+1}|S_i,S_{i-1},\cdots,S_0) = P(S_{i+1}|S_i)$。

编码器在时刻 i 的输入信息组 U_i 和编码器状态 S_i 一起决定了编码器的输出 C_i 及下一

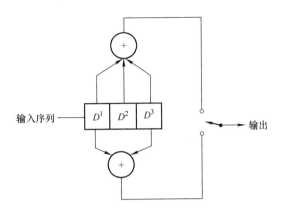

图 6-4 卷积码编码器（编码效率为 1/2，$N=3$）

状态 S_{i+1}。因为编码器状态和信息组组合的数量是有限的，所以卷积码编码器可以看成是一个有限状态机，可用输入信息组 U_i 触发的状态转移图来描述。虽然二元码的 k_0m_0 个移位寄存器可有 $2^{k_0m_0}$ 个状态，但作为状态机触发信号的 k_0 重信息分组 U_i 只能有 2^{k_0} 种组合方式，因此，从 S_i 出发，转移到的下一状态数只可能是 2^{k_0} 个，而不是所有的 $2^{k_0m_0}$ 个状态。

卷积码的状态转移规律可以用编码矩阵和状态图两种方法来描述。若卷积码编码器有 n_0 个移位寄存器（$n_0 \leqslant k_0m_0$），那么编码器的状态数就有 2^{n_0} 个。可以构造一个 $2^{n_0} \times 2^{n_0}$ 的编码矩阵，其 i 行 j 列的元素 c_{ij} 代表从 i 状态出发转移到下一时刻 j 状态时产生的码组。如果从 i 状态出发不可能转移到 j 状态，则相应的矩阵元素用"·"来表示。

观察图 6-4 所示的编码器，除本时刻的输入信息 D^1 外，寄存器存储的信息 D^2 和 D^3 的 4 种组合决定了编码器当前的 4 个状态。记忆位 D^2 和 D^3 加上当前位 D^1 共同决定了编码器的状态迁移及输出码组。根据之前的分析，把 4 种可能的情况 00，01，10，11 分别表示为 S_0，S_1，S_2，S_3，则编码矩阵为

$$
\boldsymbol{C} = \begin{array}{c} \\ S_0 \\ S_1 \\ S_2 \\ S_3 \end{array} \overset{\begin{array}{cccc} S_0 & S_1 & S_2 & S_3 \end{array}}{\begin{pmatrix} 00 & \cdot & 11 & \cdot \\ 11 & \cdot & 00 & \cdot \\ \cdot & 10 & \cdot & 01 \\ \cdot & 01 & \cdot & 10 \end{pmatrix}}
$$

根据编码矩阵，以状态为节点、状态转移为分支、伴随转移的输入/输出码元与各分支对应，就可以画出卷积码编码器的状态图。图 6-5 就是图 6-4 所示编码器的状态图描述。

状态图表示了编码器的所有可能状态转移。在该例子中，由于每次输入 1 个信息比特，因此寄存器在每个比特时间上只有两种可能的状态转移，对应于两种可能的输入比特

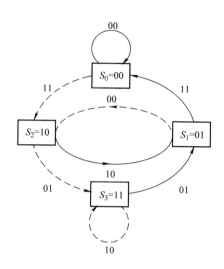

图 6-5　编码器状态图（编码效率为 1/2，$N=3$）

0 和 1。用实线表示输入比特为 0 的路径，虚线表示输入比特为 1 的路径。状态转移时的输出分支字标注在相应的转移路径旁。例如当前状态为 00 时，其下一状态只有两种可能：00 或 10。

【例 6-6】假设图 6-4 所示的卷积码编码器中的寄存器初始状态为全 0，输入信息序列为 $m=11011$，并附加输入 2 个 0 以清空寄存器，则对应的状态变化及输出的码字序列 C 表示如下：

输入比特 m_i	寄存器内容	t_i 时刻状态	t_{i+1} 时刻状态	t_i 时刻分支字	
				c_1	c_2
—	000	00	00	—	—
1	100	00	10	1	1
1	110	10	11	0	1
0	011	11	01	0	1
1	101	01	10	0	0
1	110	10	11	0	1
0	011	11	01	0	1
0	001	01	00	1	1

输出序列为：$C=11\quad 01\quad 01\quad 00\quad 01\quad 01\quad 11$

【例 6-7】上面例子中寄存器的初始状态为全 0，现在假设在输入信息序列之前输入了两位 1，即寄存器的初始状态为 11，则对应的状态变化及输出的码字序列 C 变为

输入比特 m_i	寄存器内容	t_i 时刻状态	t_{i+1} 时刻状态	t_i 时刻分支字	
				c_1	c_2
—	11x	1x	11	—	—
1	111	11	11	1	0
1	111	11	11	1	0
0	011	11	01	0	1
1	101	01	10	0	0
1	110	10	11	0	1
0	011	11	01	0	1
0	001	01	00	1	1

输出序列为

$$C = 10 \quad 10 \quad 01 \quad 00 \quad 01 \quad 01 \quad 11$$

比较两个例子，可见输出序列的每个分支字不仅取决于相应输入比特，还取决于前 m_0 个比特。

【例6-8】 二进制（3，1，2）卷积码编码器如图6-6所示。试分别用编码矩阵和状态图来描述该码。假设输入信息比特流是 {101101011100···}，求其输出码字序列。

【解】 除本时刻输入信息 D_1 外，记忆的信息 D_2 和 D_3 的 4 种组合决定了编码器当前的 4 个状态。可把 4 种可能的情况 00，01，10，11 分别表示为 S_0，S_1，S_2，S_3，则编码矩阵为

图6-6　（3，1，2）卷积编码电路

$$C = \begin{array}{c} \\ S_0 \\ S_1 \\ S_2 \\ S_3 \end{array} \begin{pmatrix} \overset{S_0 \quad\quad S_1 \quad\quad S_2 \quad\quad S_3}{000} & \cdot & 111 & \cdot \\ 001 & \cdot & 110 & \cdot \\ \cdot & 011 & \cdot & 100 \\ \cdot & 010 & \cdot & 101 \end{pmatrix}$$

（3，1，2）卷积码的状态图如图 6-7 所示。假如输入信息序列是 {101101011100···}，从状态图上很容易找到输入/输出和状态的转移关系。从状态 S_0 出发，根据输入找到相应箭头，随着箭头在状态图上移动，最终得到以下结果：

$$S_0 \xrightarrow{1/111} S_2 \xrightarrow{0/011} S_1 \xrightarrow{1/110} S_2 \xrightarrow{1/100} S_3 \xrightarrow{0/010} S_1 \xrightarrow{1/110} S_2 \to \cdots$$

对应的输出码字序列为 {111 011 110 100 010 110 ···}。

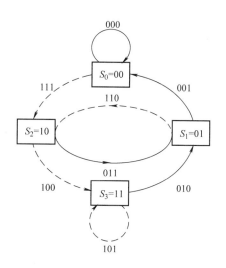

图 6-7　卷积码的状态图（编码效率为 $1/3$，$N=3$）

6.2.6　树状图表示

虽然状态图可以完整地描述编码器的特性，但由于没有表示时间过程，利用状态图跟踪编码器的状态转移不是很方便。树状图则在状态图的基础上引入时间尺度，可以方便地描述输入序列的编码过程。

【例6-9】仍然以图6-4所示编码器为例，其树状图描述如图6-8所示。每个输入信息比特的编码过程可用树状图上各个时刻的历经过程来描述。树状图中每个枝权代表一个输出分支字：上分支代表输入信息比特为 0 时的分支字；下分支代表输入信息比特为 1 时的分支字。假设编码器的初始状态为全 0，图中显示如果第一位输入为 0，则输出分支字 00；第一位输入为 1，则输出分支字为 11。与之类似，如果第一位输入 1，第二位输入 0，则第二个输出分支字为 10；如果第一位输入 1，第二位输入 1，则第二个输出分支字为 01。按照这个准则，当输入信息比特为 11011 时，对应的历经路径在树状图上用粗线表示，相应的输出序列为：11 01 01 00 01。

上面举例的树状图是针对（2，1，2）编码器。对一般的二进制（n_0，k_0，m_0）编码器来说，每次输入的是 k_0 个信息码元，有 2^{k_0} 个可能的信息组，这对应从树状图上每一节点分出的分支有 2^{k_0} 条，对应 2^{k_0} 种不同信息组的输入，并且每条分支都有 n_0 个码元，作为与之相应的输出分支字。

与状态图相比，树状图上增加了时间尺度，可以方便地描述输入序列的编码过程，但用树状图描述也存在一个问题，即树状图的分支数目按 2^L 增加（L 是序列中分支字的数目）。树状图的规模呈指数级增长，因此用树状图描述编码器的方法只适合 L 较小的情况。

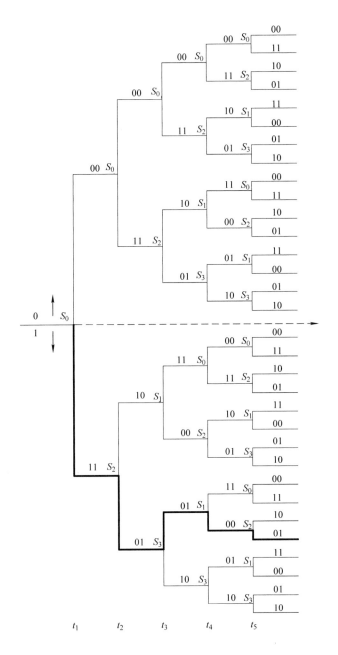

图 6-8　编码器的树状图描述（编码效率为 $1/2$，$N=3$）

　　由上述讨论可知，编码器编码过程的实质，就是在输入信息序列的控制下，编码器沿树状图通过一条特定路径的过程。译码过程就是根据接收序列和信道干扰的统计特性，译码器在树状图上力图恢复原来编码器所走的路径，即寻找正确路径的过程。若在码树的中间画一条直线，把码树分成上下两部分，相当于把所有码字序列划分成大小相等的两个子集 X_0 和 X_1。显然，在同一子集中它们有相同的第 0 段子码（第 0 分支的值），两个不同子集之间都有不同的第 0 段子码。在图 6-8 中，虚线上半部分的子集为 X_0，下半部分的子集为 X_1，则子集 X_0 中所有路径（码序列）都有相同的第 0 段分支子码 $c_0 = 00$，它对应输入信息码元 $m_0 = 0$ 时的情况；同样，在子集 X_1 中有相同的第 0 段分支子码 $c_0 = 11$，它对应输入信息码元 $m_0 = 1$ 时的情况。在 X_0 和 X_1 的子集中，又可以把它们再次划分成大小相等的两个子集：X_{00} 和 X_{01}，X_{10} 和 X_{11}；每个子集中的所有路径不仅含有相同的第 0 段分支子码，还含有相同的第 1 段分支子码。显然第二次划分，对应输入信息码元为 m_1 时的情况。这种划分可以无限地进行下去。对于一般的 (n_0, k_0, m_0) 卷积码来说，也可在它的码树上进行这种子集划分，只不过由于信息组的每次输入有 2^{k_0} 个不同的值，对应从每一个节点出发的有 2^{k_0} 条分支，因而每次划分含有 2^{k_0} 个子集。

从码树结构上看，初始截短码就是从半无限码树上截取从第 0 节点到第 $m_0 + 1 = N$ 节点之间，所有分支组成的有限码树（或称初始截短码树）。它共有 N 阶节点和 N 段分支。

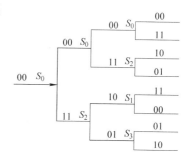

【例 6-10】图 6-9 即是从图 6-8 的半无限码树上截取的有限码树。它由 3 阶节点和 3 段分支组成，共有 $2^{k_0 N} = 8$ 个可能的路径，它们就是 $(n_0 N, k_0 N) = (6, 3)$ 初始截短码的所有 8 个码序列。对这 8 个码序列也可以进行子集划分，把第 0 段分支值相同的归为一个子集，上下两部分为子集 X_0 和 X_1。每个子集有 4 个码序列，而可能的接收序列有 $2^{n_0 N} = 2^6$ 个，把它们划分到

图 6-9　初始截短码树

不同的子集中，如表 6-1 所示，称此表为第 0 段的译码表。

表 6-1　第 0 段译码子集

序列	子集 A_0				子集 A_1			
	000000	000011	001110	001101	111011	111000	110101	110110
	100000	100011	01110	101101	011011	011000	010101	010110
	010000	010011	011110	011101	101011	101000	100101	100110
	001000	001011	000110	000101	110011	110000	111101	111110
其他接收序列	000100	000111	001010	001001	111111	111100	110001	110010
	000010	000001	001100	001111	111001	111010	110111	110100
	100100	100111	101010	101001	011111	011100	010001	010010
	100010	100001	101100	101110	011001	011010	010111	010100
正确译码输出	0				1			

从译码表看出，如果发送码序列的第 0 分支为 00，则凡是接收序列中的错误图样与列表左侧中的图样一致，一定可使得第 0 分支做出正确判断，也就是说如果接收序列落在最

左边的 4 列之中，则一定能对第 0 子组做出是 00 的正确译码。因此称这 4 列中的元素所组成的子集为第 0 分支译码 00 的正确子集，以 A_0 表示；而另外一个子集则为不正确子集，以 A_1 表示。反之，若发送码序列的第 0 分支是 11，则称 A_1 是第 0 分支译码 11 的正确子集；而 A_0 为不正确子集。

当译码器译完第 0 子组，并译第 1 子组时，由码树可知，第 1 段子码有 4 种可能（第 1 段对应的分支数目），即 00，11，01，10，因而至少需要两个译码表；而译第 2 段子码及以后各段子码，则需要 4 个译码表才能全面说明译码过程。但由于线性卷积码的对称性，只要用一个译码表就能说明问题，而不必列出 4 个。

6.2.7　网格图表示

观察图 6-8 所示的树状图可知，在 t_4 时刻，树的上半部分和下半部分完全相同，出现重复结构。因此可以考虑将上半部分与下半部分的重复分支节点合并，得到另外一种图——网格图。网格图以时间（抽样周期 T）为横轴，以状态为纵轴，将平面分割成网格状。在画网格图时采用与画状态图时相同的规定，即实线表示输入信息比特为 0 时产生的输出，虚线表示输入信息比特为 1 时产生的输出；网格图的节点代表了编码器的状态，第一行节点对应状态 S_0，后续各行依次对应状态 S_1，S_2，$\cdots$，$S_{2^{N-1}}$。在每个时间单元内，网格图 2^{N-1} 个节点表示 2^{N-1} 个可能的编码器状态。一般地，约束长度为 N 的树状图在经过 N 分支后开始重复自身结构，因此网格图可以看作编码深度为 N 时得到的固定的周期结构。网格图利用了结构上的重复性，用它来描述编码器比树状图更加方便。

【例 6-11】图 6-4 所示的卷积码编码器的网格图如图 6-10 所示，此例中的网格图在深度为 3 时（即 t_4 时刻）得到固定的周期结构。自此以后，每一状态可以由前面两个状态中的任意一个转入，并且每一状态都有两种可能的状态转移，分别对应输入信息比特 0 和 1。状态转移时的输出分支字标注在网格图的分支上。

图 6-10　编码器的网格图描述（编码效率为 1/2，$N=3$）

利用网格图上的周期结构信息就可以完全确定编码，画出多个时间段是为了把码元序列看成时间的函数。这里，卷积码编码器的状态用编码寄存器最右端的 $N-1$ 级的内容来表示，每一次状态转移都包括一个初始状态和一个结束状态，最右端的 $N-1$ 级表示当前输入对应的初始状态，此时，当前输入信息比特在寄存器的最左端的 1 级中，而最左端的 $N-1$ 级表示这次状态转移的结束状态。输出的码元序列由占用 m 个时间段的 m 个分支组成（对应输入的 m 个比特），从开始到结束的 $m+1$ 个时刻都对应特定的状态。比如在图 6-10 所示网格图中，假设输入信息序列 11011，则从网格图上很容易得到对应的输出序列为 11 01 01 00 01。

【例 6-12】 用网格图描述图 6-6 所示的二进制（3，1，2）卷积码编码器。如果输入信息序列是 {10110…}，求输出码字序列。

【解】 根据例 6-8 得到的编码矩阵和状态图，很容易画出该编码器网格图，如图 6-11 所示。输入信息比特为 0 时，用实线表示；输入信息比特为 1 时，用虚线表示。当输入信息序列为 {10110…} 时，很容易从网格图上找到相应的路径（粗线部分），相应的输出码字序列为 {111 011 110 100 010 …}。

图 6-11　编码器的网格图描述（编码效率为 $1/3$，$N=3$）

6.3　卷积码译码器

6.3.1　最大似然译码

将最大似然准则应用于卷积码译码时，必须注意卷积码具有记忆性（接收序列代表当前比特和此前若干比特的叠加）。因此应用最大似然准则对卷积编码译码时，应选择最大似然序列。通常发送的码字序列有多种可能，以二进制编码为例，含有 L 个分支字的序列就有 2^L 种可能。如果所有的输入信息序列等概，U_m 是可能的发送序列，Z 是接收序列，通过比较各个后验条件概率，也称为似然函数 $P(Z|U_m)$，则依据最大似然准则，即若满足

$$P(Z|U_{m'}) = \max_{U_m} P(Z|U_m)$$

(6-22)

则判定发送端发送的是$U_{m'}$。这种具有最小差错概率的最优译码器，称为最大似然译码器。似然函数通常已给定或依据信道特性计算得到。

假设信道是无记忆信道，噪声是零均值的加性高斯白噪声，噪声对各个码元的影响相互独立。编码效率为$1/n_0$的卷积码的似然函数为：

$$P(\mathbf{Z}|\mathbf{U}_m) = \prod_{i=1}^{\infty} P(Z_i|U_m^i) = \prod_{i=1}^{m}\prod_{j=1}^{n} P(Z_{ji}|U_m^{ji}) \tag{6-23}$$

其中，Z_i是接收序列$\mathbf{Z}$的第i个分支，U_m^i是特定码字$\mathbf{U}_m$的第i个分支，Z_{ji}是Z_i的第j个码元，U_m^{ji}是U_m^i的第j个码元，每个分支由n个码元组成。译码问题即是在图6-10所示的网格图中选择一条最优路径，使得式（6-23）取得最大值。

为简化计算，通常对最大似然函数取对数，用加法运算来代替乘法运算。这是因为对数函数是单调递增函数，不会改变原来码字选择的最终结果。对数最大似然函数定义为：

$$\gamma_U(m) = \log_2 P(\mathbf{Z}|\mathbf{U}_m) = \sum_{i=1}^{\infty} \log_2 P(Z_i|U_m^i) = \sum_{i=1}^{\infty}\sum_{j=1}^{n} \log_2 P(Z_{ji}|U_m^{ji}) \tag{6-24}$$

译码问题就转换为在图6-8所示的树状图或图6-10所示的网格图上选择一条最优路径，使得$\gamma_U(m)$取最大值的问题。树状图和网格图均可以用于卷积码的译码，但由于树状图中没有考虑支路合并问题，对于二进制编码，L个分支字组成的码字序列有2^L种可能。若利用树状图使用最大似然准则对某个接收序列进行译码时，就需要比较所有可能发送的码字序列相对应的2^L个累积对数似然函数，因此用树状图进行最大似然译码并不实际。从后面的介绍中我们知道，使用网格图可以构造出实际可行的译码器，它可以丢弃最大似然序列中不可能存在的路径，译码路径只从幸存路径中选取。由这种译码器得到的译码路径和完全比较最大似然译码器所得到的译码路径相同，因此也是最优路径。同时，由于它能较早地丢弃不可能路径，降低了译码的复杂性。

下面介绍的维特比（Viterbi）译码算法采用最大似然译码准则，是最优算法。但这并不表示维特比算法对一切应用均是最好的，它还受到硬件复杂性的限制。还有一些算法，比如序贯算法、门限算法等，也可以得到与最大似然译码接近的结果。这些算法分别适用于某些特定的应用，但都不是最优的。

6.3.2 维特比译码算法

维特比译码算法是由 Viterbi 在 1967 年提出的。维特比算法的本质仍然是最大似然译码，但与完全比较译码相比，其利用了网格图的特殊结构，使得译码器的复杂度不再是关于码字序列中所有码元数目的函数，从而降低了计算的复杂度。维特比算法包括计算网格图上在时刻 t_i 到达各状态节点的路径（分支码字）和接收序列之间的相似度（通常用码元距离来度量）。维特比算法考虑去除不可能成为最大似然选择对象的网格图上的路径。也就是说，如果有两条路径到达同一状态节点，则具有最优度量的路径被选中（也可以表述为选择具有最大似然度量的码字，或者选择具有最小距离的码字），称为幸存路径。对所有状态都将进行这样的路径选取操作，随着译码器在网格图上不断地深入，通过去除可能性最小的路径，当相邻的两个时刻单元之间仅有一条幸存路径时，即可实现判决。较早地丢弃不可能的路径降低了译码器的复杂性。Omura 在 1969 年证明了维特比算法实质上就是最大似然算法。

下面通过例子来说明最大似然译码过程。为了便于讨论，假设信道是二进制对称信道（BSC），采用汉明距离作为路径度量。

【例 6-13】 以图 6-4 卷积码编码器为例（编码器的网格图如图 6-10 所示），分析最大似然译码过程。假设输入的信息序列为 $m = 11011$，相应的码字序列应为 $U = 1101010001$，由于受到噪声干扰，收到的接收序列为 $Z = 1101011001$。

【解】 译码器也可以用类似的网格图表示，如图 6-12 所示。

输入数据序列 m 1   1   0   1   1

发送码字 U 11   01   01   00   01

接收序列 Z 11   01   01   10   01

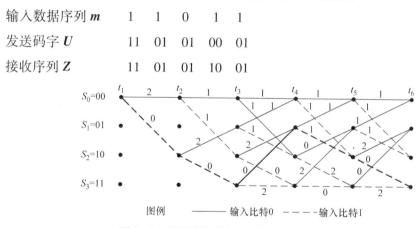

图 6-12 译码器网格图（编码效率为 $1/2$，$N = 3$）

假设初始化后，t_1 时刻从 00 状态开始。在该例中从任一状态出发，仅有两个可能的转移状态，所以在 t_1 和 t_2 时刻，没有画出所有分支，完整的网格图结构从 t_3 时刻开始。为了便于理解整个译码过程，在译码器网格图的每个时间间隔内，给各个分支标注上接收码元和各个转移路径对应的分支字之间的相似性度量（汉明距离）。在编码器的网格图（图 6-10）上的每个分支上标注的是每个状态转移时编码器将输出的码元比特；而在译码器网格图（图 6-12）上的每个分支上标注的是接收码元和编码器上各个分支字在此时间间隔内的汉明距离。

例如在 t_1 时刻，收到的码元是 11，t_1 时刻从 00 状态出发，有两个可能的状态转移：$00 \rightarrow 00$ 和 $00 \rightarrow 10$，编码器对应的输出分支字为 00 及 11，因此在译码器网格图上标注的汉明距离应为 2 和 0。在 t_2 时刻，收到的码元是 01，从 00 状态出发的两个可能的 $00 \rightarrow 00$ 和 $00 \rightarrow 10$，编码器对应的输出分支字为 00 和 11，相应地在译码器网格图上标注的汉明距离均为1。而从10状态出发的两个可能的10→01和10→11，编码器对应的输出分支字为10和01，相应地在译码器网格图上标注的汉明距离应为2和0。以此类推，可以在译码器网格图上标注出所有接收码字与编码器网格图上各个分字之间的汉明距离。

在各个时刻单元，按照上述方法标注出译码器网格图的各分支。译码算法实现过程就是利用距离度量在网格图上寻找最大似然距离（最小汉明距离）路径的过程，图6-12中的粗线路径为寻找到的最优路径（累积路径度量为1）。

维特比卷积译码算法基础主要基于如下观察：如果网格图上两条路径在某个状态节点合并，在搜寻最优路径时，一般总可以舍弃两条路径中的一条。将某条给定的路径在时刻 t_i 之前的沿途各分支的汉明距离之和定义为累积路径度量。例如在图6-13中，t_4 时刻两条路径在状态 S_1 合并，上方路径的累积度量为5，下方路径的累积度量为0，因此上方路径一定不是最优的，所以选择下面路径为幸存路径。这种思想成立的原因是基于编码器状态的马尔可夫性：t_i 之后的状态转移只与当前状态有关，而 t_i 之前的状态不会影响将来的状态或者将来的输出分支。

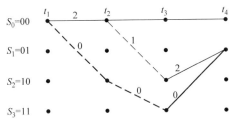

图6-13 两条合并路径的路径度量

网格图中在每个时刻 t_i 都有个 2^{N-1} 个状态节点，这里 N 是约束长度，每种状态都可经两条路径到达。维特比译码过程中需要计算到达每个状态的两条路径的累积度量，舍弃其中一条路径。在时刻 t_i，算法对所有 2^{N-1} 个状态节点进行计算，然后在时刻 t_{i+1}，重复上述过程。在一个给定的时刻，各状态的幸存路径度量就是该状态节点在该时刻的状态度量。译码过程前几步如图6-14所示。假定输入序列为 $\boldsymbol{m}$，发送码字为 $\boldsymbol{U}$，接收序列为 $\boldsymbol{Z}$，并且寄存器状态初始化为全0。t_1 时刻接收到的码元为11，从状态00出发只有两种状态转移方向：00和10。如图6-14a所示，00→00和00→10的状态度量分别为2和0。t_2 时刻从每个状态出发都有两个分支，如图6-14b所示，这些分支的状态度量分别为 $\varGamma_{S_0}$，$\varGamma_{S_1}$，$\varGamma_{S_2}$，$\varGamma_{S_3}$，与各自的结束状态对应。同样地，t_3 时刻从每个状态出发也有两个分支，因此在 t_4 时刻到达每个状态节点的路径都有两条，这两条路径中，累积路径度量较大的将被丢弃。若两条路径的度量恰好相等，则舍弃其中任意一条。t_4 时刻各个状态节点的幸存路径如图6-14d所示。译码过程进行到此时，时刻 t_1 和 t_2 之间仅有一条幸存路径，成为公共分支。实际上，此时译码器就可以判决 t_1 和 t_2 之间的状态转移是00→10，这个转移是由输入比特

1 产生的,所以译码器输出 1 作为第一位译码比特。在网格图中,用实线表示 0,虚线表示 1,可以给译码带来很大便利。注意:只有当累积路径度量积累到一定深度时,才产生第一位译码比特。在典型的译码器实现中,通常需要大约 5 倍约束长度的译码延迟。

在译码过程的每一单元时刻,到达状态节点的路径总有两条,通过比较舍弃其中一条。在 t_5 时刻搜寻到达各状态节点幸存路径的过程如图 6-14e~f 所示:在此例中,由于在 t_2 时刻离开状态 10 的转移路径仍然有两条,所以尚不能对第二位输入比特进行译码。在 t_6 时刻搜寻到达各状态节点幸存路径的过程如图 6-14g~h 所示:在 t_6 时刻同样有路径合并,可以确定译码器输出的第二位译码比特是 1,对应 t_2 到 t_3 时刻之间的幸存路径。译码器在网格图上继续重复上述过程,通过不断舍弃路径直至仅剩一条,即可实现对接收序列的译码。

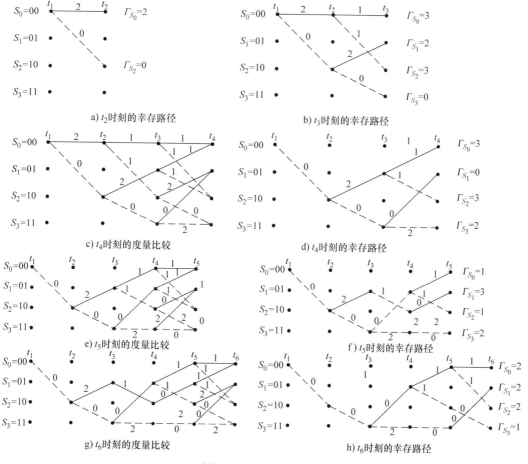

图 6-14 幸存路径选择

在维特比译码算法中通过路径的合并,确保了每个时刻到达各状态节点的路径总数不会超过状态数。对于此例中的情况,可证明在每次删减后,到达各状态节点的路径总数为 4;而对于全比较最大似然译码算法来说,其可能的路径数是序列长度的指数函数。对于分支字长为 L 的二进制码字序列,共有 2^L 种可能的序列,译码器的复杂性将大大增加。

6.3.3 译码器的实现

由图 6-15 所示的简化网格图可知，在译码器的任意时刻，都有两条路径到达状态节点。在每个转移路径上标注分支度量 δ_{xy}，表示从状态 S_x 转移到状态 S_y 的路径度量。可以通过 δ_{xy} 更新 $\varGamma_{S_y}$ 的状态度量，并确定幸存路径。

仍然以图 6-15 所示卷积码为例，来说明维特比译码器的实现。该译码器主要由加 – 比较 – 选择（Add – Compare – Select，ACS）逻辑单元模块构成。在 t_{i+1} 时刻，状态 $S_0 = 00$ 可从 $S_0 = 00$、$S_1 = 01$ 两个状态节点迁移过来。状态度量 $\varGamma_{S_0}$ 的计算方法如下：将 t_i 时刻 S_0 的状态度量 $\varGamma'_{S_0}$ 和相应分支度量 δ_{00} 相加；S_1 的状态度量 $\varGamma'_{S_1}$ 和相应分支度量 δ_{10} 相加；将这两个和值作为 t_{i+1} 时刻 S_0 的状态度量的候选项，并送入图 6-16 所

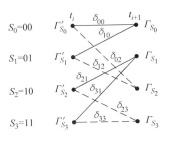

图 6-15　简化译码器网格图

示的 ACS 逻辑单元模块中进行比较，将其中似然性最大（汉明距离最小）的作为 S_0 状态的新的状态度量 $\varGamma_{S_0}$ 进行存储，同时存储的还有状态 S_0 的新的路径记录 $\hat{m}_{S_0}$。与之类似，状态 $S_1 S_2 S_3$ 的新的状态度量及新的路径记录更新均可以通过 ACS 逻辑单元模块实现。通过设立多级 ACS 单元部件，译码器不断选择幸存路径，即可实现信息比特的译码。

图 6-16　ACS 逻辑单元模块

下面利用网格图来分析维特比译码器的实现过程。同样假设输入的信息序列为 $\boldsymbol{m} = 11011$，码字序列应为 $\boldsymbol{U} = 1101010001$，接收序列为 $\boldsymbol{Z} = 1101011001$。图 6-17 描述的网格图与图 6-12 类似，但各个分支上的度量是接收码元与编码器网格图上相应分支字之间的汉明距离，另外在各个时刻的状态节点上标注了各状态的状态度量 $\varGamma_S$。从 t_4 时刻开始，每个状

态有两条路径同时到达，可以开始 ACS 操作。例如在 t_4 时刻，S_0 状态的度量有两个选择：一个是 t_3 时刻 S_0 的状态度量 $\Gamma'_{S_0} = 3$ 加上分支度量 $\delta_{00} = 1$，得到 $\Gamma_{S_0} = 4$；另一个是 t_3 时刻 S_1 的状态度量 $\Gamma'_{S_1} = 2$ 加上分支度量 $\delta_{10} = 1$，得到 $\Gamma_{S_0} = 3$。ACS 将具有最大似然性（最小汉明距离）的路径度量作为新的状态度量，即 $\Gamma_{S_0} = 3$。观察该网格图从左到右的状态度量，可以证明在每一时刻的状态度量是将幸存路径上前一状态的状态度量与前一转移路径的路径度量相加而得到的。由网格图可知在网格图中的某个节点（经过 4 个或 5 个约束长度的时间间隔后）最早发送的编码比特已经被译码。图 6-17 中，在 t_5 时刻，可以看出最小距离的状态度量为 1。从状态节点 S_3 开始，沿幸存路径（粗线表示）回溯到时刻 t_1，可以看到译码信息 ｛1101｝（实线表示 0，虚线表示 1）与源码信息是完全一致的。

图 6-17 维特比译码中的 ACS 计算

维特比译码器对存储容量的要求随约束长度 N 的增加按指数增加。对于编码效率为 $1/n_0$ 的编码，每一步译码后，译码器需保留 2^{N-1} 条路径。这些路径通常是由距离当前译码深度之前不远处的同一公共路径分叉得到的。因此，若译码器存储了足够多的 2^{N-1} 条路径记录，可以看到所有路径的最早译码比特是一致的。因此，一个简单译码器的实现，包括设置固定数量的路径记录，并且每次深入到网格的下一级时，可在任意路径上输出最早的译码比特。所需路径存储量为

$$u = h2^{N-1} \tag{6-25}$$

其中，h 是每个状态的信息比特记录长度。一种改进算法是用最大似然路径上的最早比特代替任意路径上的最早比特作为译码器的输出，从而最小化 h。可以证明，当 h 的值为编码约束长度的 4 或 5 倍时，足以获得接近最佳性能的译码器。存储容量大小是译码器实现的一个基本限制，实际使用过程中译码器需要受到约束长度 $N = 10$ 的限制。由式（6-25）可知，为了提高编码增益而增大约束长度，会导致存储容量的指数级增加。

分支字同步是指对接收序列确定分支字的起始位置的过程。这种同步不需要在发送的码元比特流中加入额外的冗余信息即可实现，因为未同步时接收端会出现很大的差错率。因此实现同步的一种简单方法就是，监督较大差错率的一些伴随信息，例如网格图上的状

态度量的增加速率或者幸存路径的合并速率，通过将这些监督参数与设定的门限值相比，可以及时调整同步。

6.4　卷积码的特性

6.4.1　卷积码的距离特性

分析图 6-4 所示简单卷积码的距离特性，该编码器的网格图如图 6-10 所示。我们希望能够通过评估所有可能码字序列对之间的最小距离，来评估编码器的性能。由于卷积编码是线性编码，寻找最小距离可以简化为寻找所有码字序列和全 0 序列之间的最小距离。假定输入序列为全 0 序列，那么正确的编码应当是起始和结束状态都是 00，且所有中间状态节点也全是 00。如果在 t_i 时刻状态节点 00 合并的另一条路径比全 0 路径的距离更短，则在译码过程中全 0 路径会被舍弃，这样就出现了差错。或者说当发送全 0 序列时，若全 0 序列不是幸存路径就会出现差错。因此可以通过分析出现差错的最小距离，来分析编码器的距离特性。

如何寻找出现差错的最小距离？我们感兴趣的差错与从全 0 路径分叉后又与全 0 路径合并的幸存路径有关。为什么这条路径要再次与全 0 路径合并？仅仅出现分叉不可以表示错误吗？当然可以，但是如果仅仅用分叉表示出错，只能说明该译码器从分叉点开始，输出的都将是无用信息。通过彻底检查所有从 00 状态到 00 状态的每一条路径就可以求出上述出现差错情况的最小距离。首先，重画网格图，如图 6-18 所示，在各个分支上标注的是输出分支字与全 0 码字序列之间的汉明距离。分析所有从全 0 序列分叉出去，又在某个节点与全 0 序列合并的路径，如果两个序列长度不等，则在较短序列后附加 0，使两个序列长度相等，再计算它们之间的汉明距离。从图 6-18 上可以计算出这些路径与全 0 路径之间的距离，有一条路径与全 0 路径的距离为 5，它在 t_1 时刻与全 0 路径分叉，在 t_4 时刻合并；有两条路径与全 0 路径的距离为 6，其中一条在 t_1 时刻分叉，t_5 时刻合并，另一条在 t_1 时刻分叉，t_6 时刻合并；其他路径情况类似，不再赘述。从图中可以看出，距离为 5 的路径输入比特是 100，与全 0 序列只有 1 比特的差别；距离为 6 的输入比特分别为 1100 和 10100，它们与全 0 序列有 2 比特的差别。所有分叉后又合并的路径的最小距离称为最小自由距离，简称自由距离。此例中，自由距离为 5，在图中用粗线表示。则该编码的纠错能力可以表示为

$$t = \left\lfloor \frac{d_f - 1}{2} \right\rfloor \tag{6-26}$$

此例中 $d_f = 5$，则图6-4所示的编码器可以纠正任意两个比特的信道错误。

图例 ——— 输入比特0 — — — 输入比特1

图6-18 标注与全0路径之间距离的网格图

尽管图6-18提供了计算自由距离的直观方法，但从编码器的状态转换图着手可以获得更为直接的封闭描述。如图6-19所示，首先在状态图上标注状态转换各分支的分支字与全0码字之间的汉明距离，用 D^x 表示，幂次 x 表示距离大小。节点的自环可以省略，因为它不影响码字序列相对于全0序列的距离属性。并且将节点 S_0 分成两个节点（标记为 S_0 和 S'_0），其中 S_0 代表与全0码序列出现分叉的起点，S'_0 代表与全0码序列合并的终点。在图6-19所示的修改状态图上可以跟踪所有起始于状态 S_0 和终止于状态 S'_0 的路径。利用 D^x 可以计算出路径 $S_0 \rightarrow S_2 \rightarrow S_1 \rightarrow S'_0$ 的转移函数为 $D^2 D D^2 = D^5$。类似地，$S_0 \rightarrow S_2 \rightarrow S_3 \rightarrow S_1 \rightarrow S'_0$，$S_0 \rightarrow S_2 \rightarrow S_1 \rightarrow S_2 \rightarrow S_1 \rightarrow S'_0$ 路径的转移函数都是 D^6。这就是该路径与全0路径之间的汉明距离。状态方程可以表示为

$$X_{S_2} = D^2 X_{S_0} + X_{S_1}$$

$$X_{S_1} = D X_{S_2} + D X_{S_3}$$

$$X_{S_3} = D X_{S_2} + D X_{S_3}$$

$$X'_{S_0} = D^2 X_{S_1}$$

(6-27)

其中，X_{S_0}，$\cdots$，X_{S_3}，X'_{S_0} 都是到达中间节点的局部路径的虚拟变量。转移函数（有时也称为编码的生成函数） $T(D)$，可以表示为 $T(D) = X'_{S_0} / X_{S_0}$。求解式（6-27）的状态方程可得

$$T(D) = \frac{D^5}{1 - 2D} = D^5 + 2D^6 + 4D^7 + \cdots + 2^i D^{i+5} + \cdots$$

(6-28)

该编码的转移函数表明，与全0序列距离为5的路径只有1条，距离为6的路径有2条，距离为7的路径有4条。编码的自由距离 d_f 就是 $T(D)$ 展开式中最低项的汉明重量，此例中 $d_f = 5$。当编码器约束长度 N 较大时，利用转移函数 $T(D)$ 分析编码距离特性的方法就不再适用，因为 $T(D)$ 的复杂性将随着约束长度的增加呈指数级增长。

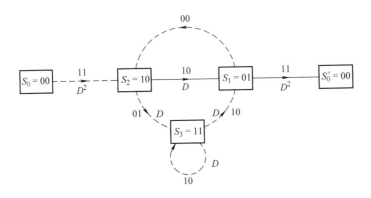

图 6-19　标注了与全 0 路径之间距离的状态图

通过引入额外因子，转移函数还可以提供更多的信息：为状态图的每个分支引入一个额外因子 L，则转移函数中 L 的累积指数即表示从起始状态 S_0 到终止状态 S'_0 的分支数；另外在所有由输入信息比特 1 引起的分支转移里引入因子 N，则转移函数中 N 的累积指数即可表示该路径与全 0 路径之间的汉明距离。引入附加因子 L 和 N 后的状态图如图 6-20 所示。状态方程修改如下：

$$X_{S_2} = D^2 LN X_{S_0} + LN X_{S_1}$$

$$X_{S_1} = DL X_{S_2} + DL X_{S_3}$$

$$X_{S_3} = DLN X_{S_2} + DLN X_{S_3}$$

$$X'_{S_0} = D^2 L X_{S_1}$$

$$(6\text{-}29)$$

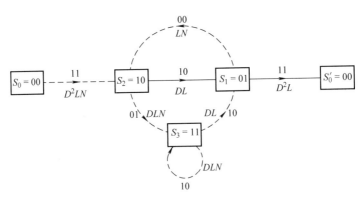

图 6-20　扩展状态图

求解可得扩展后的转移函数为

$$T(D,L,N) = \frac{D^5 L^3 N}{1 - DL(1+L)N} = D^5 L^3 N + D^6 L^4 (1+L) N^2 + D^7 L^5 (1+L)^2 N^3$$

$$+ \cdots + D^{i+5} L^{i+3} N^{i+1} + \cdots$$

$$(6\text{-}30)$$

现在验证图 6-20 中描述的路径性质：有 1 条距离为 5 的路径，其长度为 3，与全 0 路径的输入序列有 1 比特的差别；有 2 条距离为 6 的路径，其长度分别为 4 和 5，与全 0 路径的输入序列有 2 比特的差别；有 4 条距离为 7 的路径，其中 1 条长度为 5，两条长度为 6，另一条长度为 7，这 4 条路径与全 0 路径的输入序列均有 3 比特的差别。假定全 0 路径是正确路径，但如果因为噪声干扰而选择了一条距离为 7 的路径作为幸存路径，则译码就会产生 3 比特的差错。

由前面分组码的知识可知：纠错能力 t 表示采用最大似然译码时，在码本的每个分组长度内可以纠正的错误码元的个数。但对于卷积码来说，卷积码的纠错能力不能再这样简单地进行描述。完整的说法应当是：当采用最大似然译码时，该卷积码能在 3~5 个约束长度内纠正 t 个差错。确切的长度依赖于差错的分布，对于特定的编码和差错图样，该长度可以用转移函数来界定。

6.4.2　系统卷积码

系统卷积码的定义为：对于 (n_0, k_0, m_0) 卷积码，当其输入的 k_0 元组是与其关联的输出 n_0 元组分支码字的一部分时，这类卷积码称为系统卷积码。图 6-21 显示一个编码效率为 $1/2$，约束长度 $N=3$ 的系统码编码器。对于线性分组码，将非系统码转换为系统码不会改变分组的距离属性。但对于卷积码，情况则不同，其原因就在于卷积码很大程度上依赖于自由距离。对于给定约束长度和编码效率的卷积码，将其系统化会减小最大自由距离。

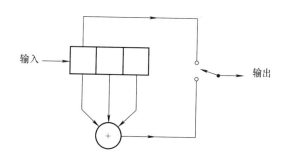

图 6-21　系统卷积码编码器（编码效率为 $1/2$，$N=3$）

表 6-2 列出了 N 从 2 到 8，编码效率为 $1/2$ 的系统码和非系统码的最大自由距离。随着约束长度的增加，得到的结果差异也随之增大。

表6-2 系统码与非系统码的自由距离比较（编码效率为1/2）

约束长度	系统码自由距离	非系统码自由距离
2	3	3
3	4	5
4	4	6
5	5	7
6	6	8
7	6	10
8	7	10

6.4.3 卷积码中的灾难性错误传播

卷积码中的灾难性错误传播，是指由有限数量的码元差错引起的无限数量的译码错误。Massey 和 Sain 推导了卷积码出现灾难性错误传播的充要条件：对于编码效率为 $1/n_0$ 的编码方式，发生灾难性错误传播的条件是这些生成多项式包含共同的多项式因子（多项式阶数不低于1）。例如图6-22所示的编码器，编码效率为1/2，约束长度 $N=3$，生成多项式表示为

$$g_1(D) = 1 + D$$

$$g_2(D) = 1 + D^2$$

由于 $1 + D^2 = (1 + D)(1 + D)$，所以该编码器会引起灾难性错误传播。

从卷积码编码器的状态图来看，当且仅当任意闭环路径的重量为 0 时，才会出现灾难性错误传播。在图6-22所示的编码器中，假设全 0 路径是正确路径，由于在 S_3 节点处存在重量为 0 的闭环，那么无论在 S_3 节点处的自环有多少次，不正确路径

$$S_0 \rightarrow S_2 \rightarrow S_3 \rightarrow S_3 \cdots \rightarrow S_3 \rightarrow S_1 \rightarrow S'_0$$

上仅有 6 个 1。举例来说，对于 BSC 信道，若发生 3 个信道比特的差错，结果就会选择这条不正确的路径，并且在这条路径上可以有任意多个判决错误。通过观察可知，对于编码效率为 $1/n_0$ 的编码器，若编码器的每个加法器都有偶数个连接，那么对应于全 1 状态的自环重量将为 0，这将会引起灾难性错误传播。

系统码的一个重要优点就是不会引起灾难性错误传播，因为系统码的每个闭环上至少有 1 个分支是由非 0 输入比特产生的，从而使每个闭环必有非 0 码元，重量不为 0。不过，可以证明仅有一小部分非系统码（除去所有加法器抽头个数为偶数的）会引起灾难性错误传播。

a) 编码器

b) 状态图

图 6-22 引起灾难性错误传播的编码器

6.4.4 卷积码的性能界限

可以证明，对于采用硬判决译码的二进制卷积码，其误比特率 P_b 的上界为

$$P_b \leqslant \frac{\mathrm{d}T(D,N)}{\mathrm{d}N}\Big|_{N=1,\,D=2\sqrt{p(1-p)}} \tag{6-31}$$

其中，p 是信道码元差错概率。对图 6-4 所示卷积码编码器，令式（6-30）中的 $L=1$，则转移函数 $T(D,L,N)$ 变为

$$T(D,N) = \frac{D^5 N}{1-2DN} \tag{6-32}$$

进一步，有

$$\frac{\mathrm{d}T(D,N)}{\mathrm{d}N}\Big|_{N=1} = \frac{D^5}{(1-2D)^2} \tag{6-33}$$

联立式（6-31）和式（6-33），得

$$P_b \leqslant \frac{\left\{2\left[p(1-p)\right]^{\frac{1}{2}}\right\}^5}{\left\{1-4\left[p(1-p)\right]^{\frac{1}{2}}\right\}^2} \tag{6-34}$$

6.5　Turbo 码

　　根据 Shannon 随机编码理论，在信道传输速率 R 不超过信道容量 C 的前提下，只有在码组长度无限的码集合中随机地选择编码码字，并且在接收端采用最大似然译码算法时，才能使误码率接近零。但是最大似然译码的复杂性随编码长度的增加而加大，当编码长度趋于无穷大时，最大似然译码是不可能实现的。因此，多年来随机编码理论一直是分析与证明编码定理的主要方法，而如何在构造编码上使其发挥充分作用却并未引起人们的足够重视。直到 1993 年，Turbo 码的发现才较好地解决这一问题，为 Shannon 随机编码理论的应用研究奠定了基础。

6.5.1　Turbo 码基本概念

　　1993 年，Claude Berrou 等人在国际通信会议上提出了并行级联卷积码（Parallel Concatenated Convolutional Code，PCCC），即 Turbo 码。由于它很好地应用了香农信道编码定理中的随机性编译码条件，从而获得了几乎接近香农理论极限的译码性能。基本原理是：编码器通过交织器把两个分量编码器进行并行级联，两个分量编码器分别输出相应的校验位比特；而译码器在两个分量译码器之间进行迭代译码，分量译码器之间传递去掉正反馈的外信息。Turbo 码具有卓越的纠错性能，性能接近香农限，而且编译码的复杂度不高。

　　Turbo 码巧妙地将两个简单分量码通过伪随机交织器并行级联来构造具有伪随机特性的长码，并通过在两个软输入/软输出（Soft Input Soft Output，SISO）译码器之间进行多次迭代实现伪随机译码。它的性能远远超过了其他的编码方式，得到了广泛的关注和发展，并对当今的编码理论及其研究方法产生了深远的影响，信道编码学也随之进入了一个新的阶段。它结束了长期将信道截止速率作为实际容量限的历史。尽管目前对 Turbo 码的作用机制尚不十分清楚，对迭代译码算法的性能还缺乏有效的理论解释，但它无疑为最终达到香农信道容量开辟了一条新的途径，其思想在相关研究领域中具有广阔的应用前景。目前，Turbo 码被看作自 1982 年 TCM（Trellis Coded Modulation）网格编码调制技术问世以来，信道编码理论与技术研究上所取得的最伟大的技术成就。

6.5.2　Turbo 码编码器

　　并行级联 Turbo 码编码器的构造如图 6-23 所示。输入信息 $u = d_k$ 被并行地分为三支，分别对其处理后得到信息码 x_k、删余（puncture）后的校验码 y'_{1k} 和 y'_{2k}，再通过复合器合成一个信息序列发送出去。第一支是系统码的信息 $u = d_k$ 直通通道，由于未做任何处理，速度必然比其他分支快，所以需要加上一个延时，以便与下面两支经交织、编码处理后的信息在时间上匹配。第二支经延时、编码、删余处理后送入复合器，编码方式大多是卷积码，也可以是分组码。第三支经交织、编码、删余处理后送入复合器。编码器 1、2 叫作子编码器，也叫分量码（Component Codes），两者可以相同，也可以不同，工程实践中两者大多相同。交织的目的是随机化，是为了改变码重分布，如交织前 d_k 对应一个轻码，交织后 d_n 对应一个重码。

图 6-23　并行级联 Turbo 码编码器的结构图

交织器是 Turbo 码编码器的主要组成部分，也是 Turbo 码的重要特征之一。线性码的纠错译码性能实质上是由码字的重量分布决定的。Turbo 码也是线性码，所以其性能也是由码字重量分布决定的。由于交织器实际上决定了 Turbo 码的重量分布，所以，给定了卷积码编码器后，Turbo 码的性能很大程度上就是由交织器来决定的。在低信噪比时，交织器的大小将直接影响 Turbo 码的差错性能。因为交织长度大时，两个子编码器接收的输入序列的相关性就可以很低，就有利于译码迭代，从而使得迭代结果更加准确。在高信噪比时，Turbo 码的低重量码字、最小汉明距离或距离谱决定着它可以达到的误码率性能指标，所以交织器的设计会显著地影响低重量码字或距离谱。重量分布是反映纠错码性能的重要指标，所谓具有好的重量分布，就是要尽量减少低重量的码字的数量。如果没有交织器的作用，Turbo 码的两个子编码器的输入就相同。如果其中一个经编码后产生低重量的码字，那么该序列在经过第二个子编码器输出后也会产生低重量的码字。反之，加入交织器，由于交织器对输入序列进行了置换，使得数据在进入第二个编码器之前被打乱，也就改变了原来信息的排列方式，所以 Turbo 码的两个子编码器同时产生低重量码字输出的可能性就更小了，也就是说交织器减小了 Turbo 码产生低重量码字的概率，从而可以使 Turbo 码有比较好的纠错性能。在 Turbo 码中，利用交织器使码元符号间的相关性减弱，使得进入各个子译码器的信息序列之间不相关。这种去相关的结果使得各个子译码器可以彼此独立工作，软判决信息可以互相利用，判决结果因此更加准确。但是，由于交织器的存在，使得 Turbo 码存在一定的时延，数据帧越长，延时越大。而且交织器的长度会对 Turbo 码的译码性能有很大的影响，交织深度越大，译码的误码率就越低，传输质量也就越高。因此对于那些允许有较大时延的业务，Turbo 码的作用就可以得到充分的发挥；但是对于那些低时延要求的业务，Turbo 码的应用就会受到限制。

删余是通过删除冗余的校验位来调整码率的。Turbo 码由于采用了两个子编码器，因此产生的冗余比特比一般情况多一倍，而这在很多场合下并不需要。但又不能去除两个编码器中的任何一个，折中的办法就是按照一定规律轮流选用两个子编码器的校验比特。举例来说，采用两个码率 $R = 1/2$ 的系统卷积码，如果不删余，信息位加两个编码器的各一个校验位将产生 $R = 1/3$ 的码流。但如果令编码器 1 的校验流乘以一个删余矩阵 $\boldsymbol{P}_1 = \begin{bmatrix} 1 & 0 \end{bmatrix}^{\mathrm{T}}$，而让编码器 2 的校验流乘以删余矩阵 $\boldsymbol{P}_2 = \begin{bmatrix} 0 & 1 \end{bmatrix}^{\mathrm{T}}$，就可以在编码器 1 和 2 间轮流取值。此时，虽然 1 位信息仍然产生 2 位校验，但发送到信道上的只是 1 位信息和 1 位轮流取值的校验位，使码率调整为 $R = 1/2$。一般情况下，设两编码器的生成矩阵分别为 $\boldsymbol{G}_1$ 和 $\boldsymbol{G}_2$，则两个编码器的输出可以写作矩阵 $\begin{bmatrix} u\boldsymbol{G}_1 & u'\boldsymbol{G}_2 \end{bmatrix}^{\mathrm{T}}$，这里 u 和 u' 代表交织前后的信息位，$u\boldsymbol{G}_1$ 和 $u'\boldsymbol{G}_2$ 分别是 $1 \times N$ 向量，则删余矩阵 $\boldsymbol{P}$ 为 $N \times 2$ 矩阵 $\begin{bmatrix} \boldsymbol{P}_1 & \boldsymbol{P}_2 \end{bmatrix}$，其中 $\boldsymbol{P}_1$ 和 $\boldsymbol{P}_2$ 为 $N \times 1$ 向量，由 0 和 1 组成，分别表示对两个编码器校验位的选择情况。

借助删余码可用较简单的编译码器（例如 $R = 1/2$ 卷积码）实现较高码率（比如 $R = 6/7$）的编译码。例如在 1/2 卷积码的网格图上，从一个状态出发或到达一个状态仅有两种可能，Viterbi 算法只需做两条路径的比较，而 6/7 卷积码从一个状态出发或到达一个状态最多可有 $2^6 = 64$ 种可能，Viterbi 算法最多时需做 64 条路径的比较。一般来说，$R = k/n$ 编码器的每一状态要进行 2^k 次比较。可以想象，如果用 1/2 编码器产生 6/12 码，然后将它缩短到 6/7 码，要比用 6/7 编码器直接编码容易些。这就是 Turbo 码中广泛应用删余技术的原因。需要注意的是 Turbo 码中级联的两个编码器必须是系统码。

6.5.3 Turbo 码译码器

Turbo 码译码器采用反馈结构，以迭代方式译码。与 Turbo 编码器的两个分量编码器对应，译码端也有两个分量译码器，两者的连接方式可以是并行级联（Parallel Concatenation），也可以是串行级联（Series Concatenation），它们的结构分别如图 6-24 和图 6-25 所示。

对于图 6-24 所示的并行级联的 Turbo 译码器，接收到的数据流中包含三部分内容：信息码 x_k、编码器 1 产生的校验码 y'_{1k}（经删余）和编码器 2 产生的校验码 y'_{2k}（经删余）。对于 Turbo 译码器，无论采用并行级联译码还是串行级联译码，在译码前都首先要进行数据的分离——与发送端复合器功能相反的分接处理，将数据流还原成 x_k、y_{1k} 和 y_{2k} 三路信息。发送端子编码器 1、2 的校验码由于删余，并未全部传送过来，y'_{1k} 和 y'_{2k} 只是 y_{1k} 和 y_{2k} 的部分信息，分接后的校验序列的部分比特位将没有数据，这样就必须根据删余的规律对接收的校验序列进行内插，在被删除的数据位上补以中间量（例如 0 比特），以保证序列的完整性。

图 6-24 Turbo 码并行级联译码器

图 6-25 Turbo 码串行级联译码器

Turbo 译码器包含两个独立的子译码器，记作 DEC1 和 DEC2，与 Turbo 编码器的子编码器 1、子编码器 2 对应。DEC1 和 DEC2 均采用软输入/软输出的迭代译码算法，例如 MAP、SOVA 算法。每次迭代有三路输入信息，一是信息码 x_k，二是校验码 y_{1k} 和 y_{2k}，三是外信息（也称为边信息或附加信息）。Turbo 码的译码特点正是体现在外信息上，因为通常的系统码译码只需要输入信息码及校验码就够了。这里的外信息是本征信息以外的附加信息，如何产生这类信息及如何运用这类信息就构成了不同的算法。DEC1 和 DEC2 的输出是软输出，与硬输出的不同之处在于：软输出不仅包含本次译码对接收码字的硬估值，还给出了这些估值的可信程度。软输出用似然度表示。根据 DEC1 和 DEC2 连接方式的不同，有并行译码和串行译码之分。

Turbo 码并行译码方案如图 6-24 所示，与图 6-23 所示的 Turbo 编码器对应，送入 DEC1 的是 x_k 及 y_{1k}，其中 $x_k = u = d_k$。送入 DEC2 的是 y_{2k} 及交织后的 x_k（即 $u' = d_n$）。完成一轮译码算法后，两个译码器分别输出对 d_k、d_{1k} 和 d_n、d_{2k} 的译码估值，以及估值的可靠程度，并分别用似然度 $L_1(d_k)$ 和 $L_2(d_n)$ 表示。观察图 6-23 所示的 Turbo 编码器，发现校验码 y_{1k} 和 y_{2k} 虽然是由两个编码器独立产生并分别传输的，但它们是同源的，均取决于信息码 u。于是可合理地推断：DEC1 的译码输出信息必然对 DEC2 的译码有参考作用；反之，DEC2 的译码输出信息对 DEC1 的译码也必然有参考作用。如果将 DEC1 的软输出送入 DEC2，而将 DEC2 的软输出送入 DEC1，必然对两者都有益。事实上，DEC1 提供给 DEC2 的译码软输出 $L_1(d_k)$ 与 DEC2 的另一支输入 y_{2k} 从根源来说，代表同一信息，但它们是相互独立传送的，$L_1(d_k)$ 对 y_{2k} 而言是一种附加信息，使输入到 DEC2 的信息量增加，不确定度（信息熵）减小，从而提高了译码正确性。

由于与 DEC2 对应的 y_{2k} 是由 d_k 的交织序列 d_n 产生的，因此 DEC1 软输出 $L_1(d_k)$ 在送入 DEC2 之前需经交织处理，变为 $L_1(d_n)$ 以便与 y_{2k} 匹配；反之，DEC2 软输出 $L_2(d_n)$ 在送入 DEC1 之前需经解交织处理。采用这种循环迭代方式，信息可以得到最充分的利用。可以推断：DEC2 译码时利用的 y_{2k} 信息并没有被 DEC1 利用，将 DEC2 的译码信息反馈到 DEC1 必然有助于提高 DEC1 的译码性能；另一方面，即使使用了一次的信息，也仅是利用了其中一部分，必然还可以二次、三次地利用。如此，整个译码器的性能可随着迭代而逐步提高。但是，这种提高并不是无限的，因为随着迭代次数的增加，DEC2 与 DEC1 的译码信息中的相互独立的成分（即附加信息）会越来越少，直至降至零。此时信息量已被用尽，继续迭代也就没有意义了，于是迭代终止于 DEC2。最终的软输出经解交织和硬判决后得到译码输出 d_k。

Turbo 串行译码方案如图 6-25 所示。串行译码与并行译码的原理相同，只是 DEC1 和 DEC2 并非同时开始译码，而是先由 DEC1 译码，待 DEC1 的软输出交织后，DEC2 才开始译码。DEC2 的软输出解交织后形成外信息 z_k，送给 DEC1。DEC1 的软输出交织后又送给 DEC2，如此串联循环，直到信息量用尽，迭代结束，最终硬判决译码输出。

串行 Turbo 译码器 DEC1 和 DEC2 的译码、交织、解交织等运算必然造成延时，使 DEC2 产生的外信息 z_k 不可能即时地反馈到 DEC1。两次迭代的时差表现为差分变量，使得不可能有真正意义上的反馈，而是流水线式的迭代结构。

6.6 小结

对于实现复杂性相同的编译码器，在几乎所有的应用中卷积码的性能要优于分组码。

因此在过去的很长一段时间，卷积码一直是研究的一个重点。本章概括了分组码和卷积码的基本结构差异，卷积码不同于分组码的一个重要特征就是编码器的记忆性。即在任意给定的时间单元，编码器输出的 n_0 个码元中，每个码元不仅和此时刻输入的 k_0 个信息码元有关，还与之前连续 m_0 个时刻输入的信息码元有关。本章首先介绍了卷积码编码器的几种描述方式，例如连接图、矩阵、转移函数、状态图、树状图、网格图等形式。接着介绍了采用最大似然算法来处理译码问题，即考察所有可能由编码器产生的候选码字序列，并选择其中统计可能性最大的一个，这种选择是基于对接收码元距离度量的比较来进行的。卷积码的差错性能分析比分组码的性能分析要复杂很多，仅用二项式来描述是不够的，于是提出自由距离的概念，并给出自由距离和差错性能界限之间的关系。本章最后简单介绍了利用简单卷积码组合构成的 Turbo 码的编译码原理。

6.7 习题

6-1 设（3，1，2）码的生成序列为：

$$g(1,1) = \begin{bmatrix} 1 & 1 & 0 \end{bmatrix}$$
$$g(1,2) = \begin{bmatrix} 1 & 0 & 1 \end{bmatrix}$$
$$g(1,3) = \begin{bmatrix} 1 & 1 & 1 \end{bmatrix}$$

（1）画出它的编码器连接图。

（2）写出它的生成矩阵。

（3）输入信息序列 $U = 11101$ 时，写出对应的输出码序列。

6-2 已知卷积码的生成序列为：

$$g(1,1) = \begin{bmatrix} 1 & 1 & 0 & 1 \end{bmatrix}$$
$$g(1,2) = \begin{bmatrix} 1 & 1 & 1 & 1 \end{bmatrix}$$

（1）求出该码的 $G(D)$、$H(D)$ 矩阵，以及 G_∞ 和 H_∞ 矩阵；

（2）画出该码的编码器。

（3）求出相应于信息序列 $m = \{11001\}$ 的编码序列。

（4）此码是否为系统码？

6-3 已知一卷积码的参数 $n_0 = 2$，$k_0 = 1$，其生成多项式为 $g_1(D) = 1$，$g_2(D) = 1 + D$，若输入信息序列为 $m = \{10011\}$：

（1）画出编码器框图，它的约束长度为多少？

（2）画出它的树状图、网格图和状态图。

（3）求编码输出序列，并在树状图和网格图中标出编码路径。

6-4　已知卷积码的约束长度 $N=3$，编码效率为 $1/3$，生成多项式为

$$g_1(D) = D + D^2$$

$$g_2(D) = 1 + D$$

$$g_3(D) = 1 + D + D^2$$

求该编码器状态图、树状图及网格图。

6-5　画出下图所示卷积码编码器的状态图、树状图及网格图，并利用转移函数的方法找到该编码器的自由距离。

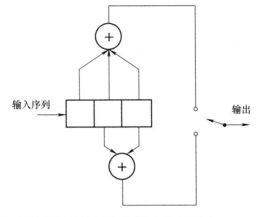

6-6　已知 (3，1，3) 卷积码编码器的输出与输入的关系为

$$c_{1,i} = b_i$$

$$c_{2,i} = b_i + b_{i-1} + b_{i-2} + b_{i-3}$$

$$c_{3,i} = b_i + b_{i-2} + b_{i-3}$$

（1）画出编码器连接图。

（2）画出它的网格图和状态图。

（3）若输入信息序列为 {10110}，求编码输出序列。

6-7　已知 (2，1，2) 卷积码编码器的输出与输入的关系为

$$c_{1,i} = b_i + b_{i-1}$$

$$c_{2,i} = b_i + b_{i-1} + b_{i-2}$$

利用维特比译码，当接收序列为 {1000100000} 时：

（1）在网格图中标出译码路径，并标出幸存路径的度量。

（2）求发送序列和译码后的信息序列。

6-8　依据下图所示的卷积码连接图：

（1）写出编码器的连接向量和连接多项式。

（2）编码器的冲激响应是什么？利用此冲激响应函数，确定输入序列为 {101} 时的输

出序列。

　　（3）画出状态图、树状图和网格图。

　　（4）分析该编码器是否会引起灾难性错误传播。

6-9　假设某种编码方案的码字为

$$a = 0 \quad 0 \quad 0 \quad 0 \quad 0 \quad 0$$
$$b = 1 \quad 0 \quad 1 \quad 0 \quad 1 \quad 0$$
$$c = 0 \quad 1 \quad 0 \quad 1 \quad 0 \quad 1$$
$$d = 1 \quad 1 \quad 1 \quad 1 \quad 1 \quad 1$$

经过 BSC 信道后的接收序列为 111010，采用最大似然译码，则译码结果是什么？

6-10　为什么卷积码译码器（如 Viterbi 译码）在译码端所用的记忆单元数越多（大于发送端的记忆单元数），则获得的译码差错概率越小（越逼近理想最佳的最大似然译码）？

6-11　下图所示约束长度 $N = 3$，编码效率为 $1/2$ 的编码器用于 BSC 信道。假设编码器的初始状态为 00，输出端的接收序列 $C = \{11 \quad 00 \quad 00 \quad 10 \quad 11\}$。

　　（1）在网格图中找到最大似然路径，确定译码输出的前 5 位信息比特。若任意两条合并分支的度量取值相等，则选择到达某状态的上半分支；

　　（2）确定接收序列 C 在信道传输过程中受到噪声干扰被改变的信息比特。

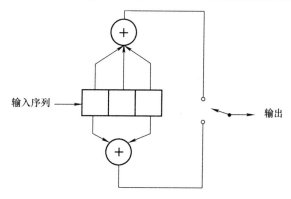

6-12　分析在下列编码效率为 1/2 的编码中，哪些会引起灾难性错误传播？

（1）$g_1(D) = D^2$，$g_2(D) = 1 + D + D^3$

（2）$g_1(D) = 1 + D^2$，$g_2(D) = 1 + D^3$

（3）$g_1(D) = 1 + D + D^2$，$g_2(D) = 1 + D + D^3 + D^4$

（4）$g_1(D) = 1 + D + D^3 + D^4$，$g_2(D) = 1 + D^2 + D^4$

（5）$g_1(D) = 1 + D^4 + D^6 + D^7$，$g_2(D) = 1 + D^3 + D^4$

（6）$g_1(D) = 1 + D^3 + D^4$，$g_2(D) = 1 + D + D^2 + D^4$

6-13　利用下图所示的编码器网格图上的分支字信息，采用硬判决维特比译码对接收序列 $\mathbf{Z} = \{01\ 11\ 00\ 01\ 11\ 其余为 0\}$ 进行译码。

6-14　描述维特比译码过程中的加 – 比较 – 选择（ACS）运算。

6-15　简述 Turbo 码编/译码器的工作原理。

参 考 文 献

［1］ T M Cover, J A Thomas. Elements of Information Theory ［M］. 2nd ed. New York：John Wiley & Sons, Inc. , 2006.

［2］ RG Gallager. Principles of Digital Communication. ［M］. Oxford city：Cambridge University Press, 2008.

［3］ Bernard Sklar. Digital Communications Fundamentals and Applications ［M］. 2nd ed. New York：Pearson Education, Inc. , 2001.

［4］ J G Proakis, M Salehi. Digital Communications ［M］. 5th ed. New York：McGraw – Hill Companies, Inc. , 2008.

［5］ D Hankerson, G A Harris, P D Johnson. Introduction to Information Theory and Data Compression ［M］. 2nd ed. London：Chapman and Hall／CRC, 2003.

［6］ R E Blahut. Algebraic Codes for Data Transmission. ［M］. Oxford city：Cambridge UniversityPress, 2003.

［7］ S Lin, D J Costello. Error Control Coding ［M］. 2nd ed. New York：Pearson Education, Inc. , 2004.

［8］ R H Morelos – Zaragoza. The Art of Error Correcting Coding ［M］. 2nd ed. New York：John Wiley & Sons Ltd, 2006.

［9］ 王育民，李晖. 信息论与编码理论 ［M］. 2 版. 北京：高等教育出版社, 2013.

［10］ 田丽华. 编码理论 ［M］. 3 版. 西安：西安电子科技大学出版社, 2016.

［11］ 王新梅，肖国镇 ［M］. 纠错码——原理与应用. 西安：西安电子科技大学出版社, 2001.

［12］ 傅祖芸. 信息论——基础理论与应用 ［M］. 2 版. 北京：电子工业出版社, 2007.

［13］ 曹雪虹，张宗橙. 信息论与编码 ［M］. 3 版. 北京：清华大学出版社, 2016.

［14］ 李梅，李亦农，王玉皞. 信息论基础教程 ［M］. 3 版. 北京：北京邮电大学出版社, 2015.

［15］ 陈运，周亮，陈新，等. 信息论与编码 ［M］. 3 版. 北京：电子工业出版社, 2015.

［16］ 吴伟陵. 信息处理与编码 ［M］. 3 版. 北京：人民邮电出版社. 2012.